今すぐ使える かんたん

ぜったいデキます! Facebook 超入門

改訂2版

技術評論社

本書の使い方

- 操作を大きな画面でやさしく解説！
- 便利な操作を「ポイント」で補足！
- 章末のQ＆Aでもっと使いこなせる！

解説されている内容がすぐにわかる！

第3章 友達とつながろう

友達からのメッセージを読もう

- Messenger
- メッセージ表示
- メッセージを読む

Facebookには「Messenger」という、指定した相手とメッセージのやり取りができる機能があります。友達からメッセージが届くと、メニューバーに通知が表示されます。

どのような操作ができるようになるかすぐにわかる！

メッセージを確認する

Messengerでのメッセージはコメントの機能とは異なり、ほかのユーザーからは見られることなく、個人的なやり取りをすることができます。

個別のチャット

友達とつながろう

076

- やわらかい上質な紙を使っているので、開いたら閉じにくい!
- オールカラーで操作を理解しやすい!

大きな画面と
操作のアイコンで
わかりやすい！

ッセージ
を受信すると、 のように表示されます。

友達編

ポイント

付いている数字は未読メッセージの件数です。

2 メッセージを表示します

を

クリック すると、メッセージを送信した相手の名前が表示され、メッセージの内容が確認できます。

第3章

便利な操作や
注意事項が
手軽にわかる！

ポイント

表示されたメッセージをクリックすると、画面右下にメッセージの画面が開き、返信を入力できます。

終わり

077

Contents

第1章 基本編 Facebookについて知ろう

第2章 アカウント登録編 Facebookを始めよう

友達編 第3章 友達とつながろう

投稿編 第4章 近況や写真を投稿しよう

ステップアップ編

第5章 もっとFacebookを楽しもう

Q&A編

Facebookの困った!解決Q&A

ご注意：ご購入・ご利用の前に必ずお読みください

- 本書に記載された内容は、情報提供のみを目的としています。したがって、本書を用いた運用は、必ずお客様自身の責任と判断によって行ってください。これらの情報の運用の結果について、技術評論社および著者はいかなる責任も負いません。

- ソフトウェアに関する記述は、特に断りのないかぎり、2020年10月1日現在での最新情報をもとにしています。これらの情報は更新される場合があり、本書の説明とは機能内容や画面図などが異なってしまうことがあり得ます。あらかじめご了承ください。

- 本書の内容については、以下のOSおよびブラウザー上で制作・動作確認を行っています。製品版とは異なる場合があり、そのほかのエディションについては一部本書の解説と異なるところがあります。あらかじめご了承ください。
  OS：Windows 10
  ブラウザー：Microsoft Edge

- インターネットの情報については、URLや画面などが変更されている可能性があります。ご注意ください。

以上の注意事項をご承諾いただいた上で、本書をご利用願います。これらの注意事項をお読みいただかずに、お問い合わせいただいても、技術評論社および著者は対処しかねます。あらかじめご承知おきください。

基本編

Facebookについて知ろう

この章でできること

- Facebookについて知る
- 投稿について知る
- プライバシーについて知る
- Facebookに必要なものを知る
- セキュリティ問題について知る

基本編

Section 01

Facebookって何?

- Facebookアプリ
- コミュニケーション
- プライバシー

Facebookは、世界最大のSNS＝ソーシャルネットワーキングサービスです。日本でもユーザーが増え、若い人からお年寄りまで、活用するユーザーの幅も広がっています。

リアルな人間関係をネットに持ち込めるFacebook

Facebookは「実名登録」が規約で義務付けられている点が、ほかのSNSとは異なる大きな特徴です。実名で行うと、実生活での友達や知り合いと、互いに信頼し合ったうえで交流できるという大きなメリットがあります。近況を語り合ったり、いっしょに楽しんだレジャーの画像を共有したりと、さらに交流を深めていくことができるでしょう。幼馴染や昔の同級生とFacebookで再会したということも少なくありません。

1 投稿を通してコミュニケーション

近況や興味のあることについて投稿することが、Facebookのコミュニケーションの基本になります。投稿は文章や画像、動画、Webリンクなどを発信することができます。ブログのようなものだと考えればわかりやすいでしょう。投稿が友達のFacebookサイトに表示され、これをもとにコメントのやり取りをするなど、掲示板のような形で友達どうしでワイワイ楽しむことができます。

次へ

② 公開範囲を設定することで楽しみ方を変える

Facebookは「公開範囲」を変更することで、友達どうしで楽しむか、Facebook全ユーザーに向けて発信するかを選択できます。「公開範囲」を「友達」に設定すると、友達にのみ投稿が表示され、コメントや情報の共有も友達どうしの中だけで行えます。一方、広く情報を伝えたい、自分と同じ趣味の人などをFacebook全体から探したいという場合は、「公開範囲」を「公開」に設定します。

「公開」を選ぶと全ユーザーに、「友達」を選ぶとFacebookで友達になっている人のみに公開できます。「次を除く友達」では、一部の友達に表示しない設定にすることもできます。

各投稿には必ず公開範囲の設定があります。

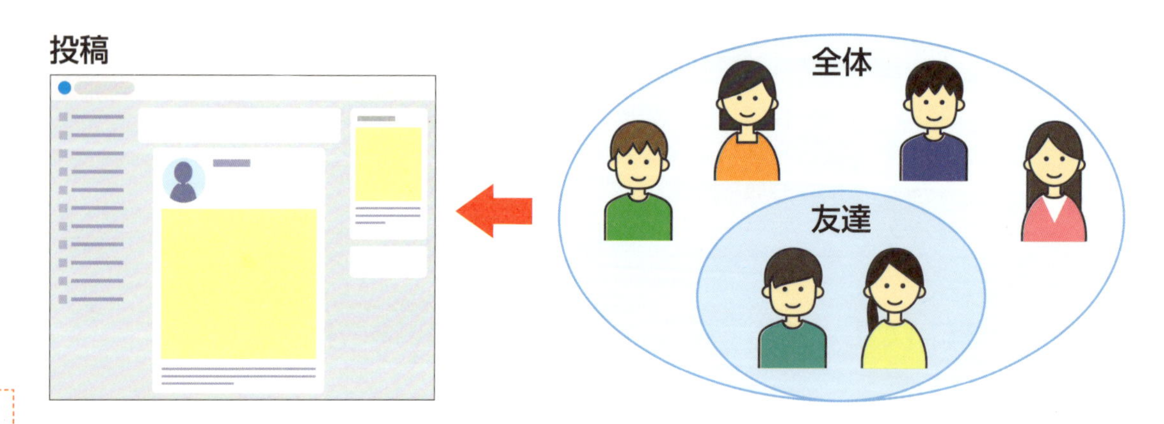

③ Facebookのプライバシー

実名で行うからこそ、Facebookにはさまざまなプライバシー制限の設定も設けられています。プロフィール情報も投稿と同じように、「公開範囲」について細かな設定を行うことができます。ある程度コミュニケーションをする友達が増えたら、「公開範囲」を「友達」に変更するなど、そのときどきで楽しみ方を変えることができるのも、Facebookならではの利点といえるでしょう。

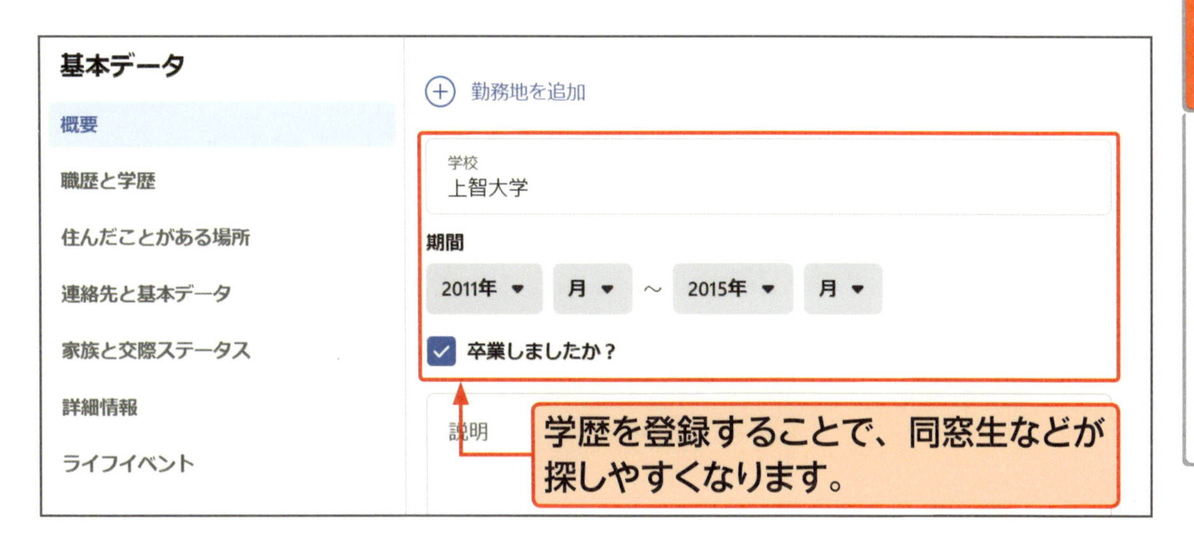

専攻
大学または大学院
大学
大学院
学位
友達
キャンセル
保存

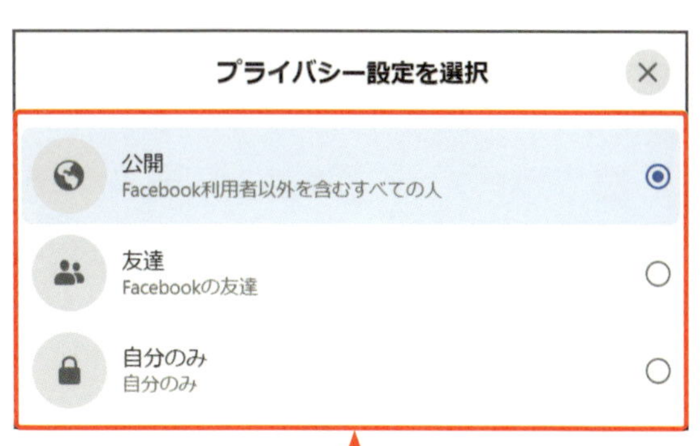

広く友達を探すなら「公開」、学歴の内容を友達だけに見てもらえるようにするなら「友達」を選択します。

終わり

基本編

Section 02

Facebookを始めるのに必要なものを知ろう

- アカウント登録に必要なもの
- Facebookの始め方
- Facebookへのアクセス方法

Facebookを始めるにはアカウント登録が必要になります。ここでは、名前やメールアドレス情報などアカウント登録に必要なものを紹介していきます。

アカウント登録に必要なものについて

インターネットにつないだパソコンやスマートフォン

この本ではパソコンの画面を使って解説します。

アカウント登録に必要な情報

あらかじめ確認しておきましょう。

- 名前（苗字、名前）
- メールアドレス
- 任意のパスワード
- 生年月日
- 性別

① Facebookの始め方

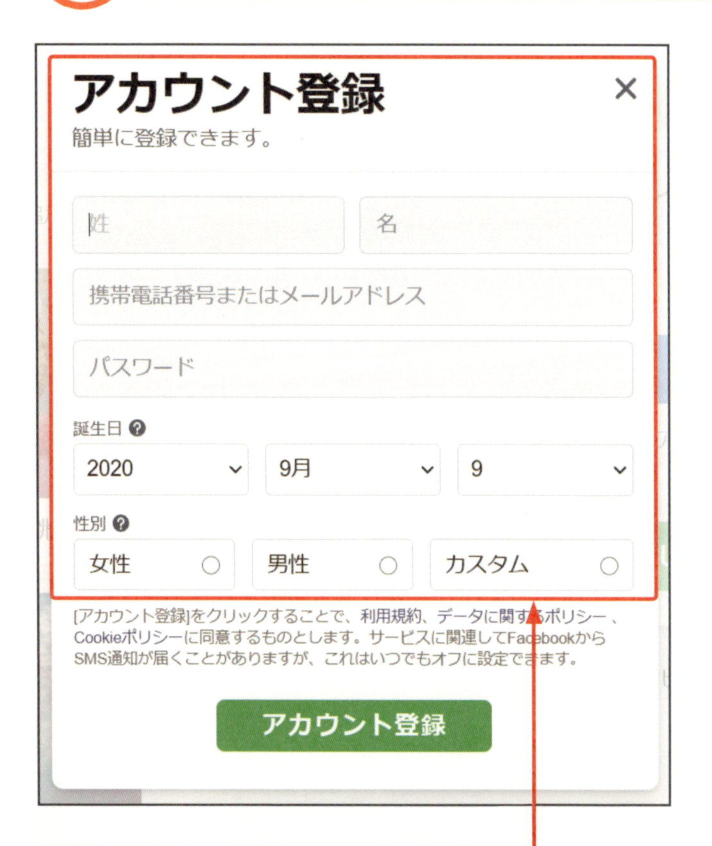

名前、メールアドレス、任意のパスワード、生年月日、性別を登録します。

Facebookは「Internet Explorer」や「Microsoft Edge」などのインターネットブラウザからアクセスできるWebサービスです。パソコンに専用ソフトを入れる必要ありません。

終わり

コラム 携帯電話番号の登録が必要？

Facebookのアカウント登録の画面を見てみると、メールアドレス登録の入力ボックスに「携帯電話番号またはメールアドレス」とあります。「携帯電話番号の登録が必要なの?」と思ってしまいますが、アカウントの作成時に携帯電話番号の登録は必要ありません。また、Facebookを始めたあとも、アカウントのセキュリティを高めるために携帯電話番号の登録を勧められますが、登録しなくてもFacebookを使うことはできます。また、登録するメールアドレスは、GmailやYahoo!メールのようなフリーメールでも問題ありません。

基本編

Section 03

セキュリティの問題に気を付けて使おう

- セキュリティ
- セキュリティ設定
- 不正ログイン・乗っ取り

Facebookには実名やメールアドレス、出身地や学歴などの個人情報が蓄積されています。大切なデータを含んだサービスだからこそ、セキュリティには気を配りましょう。

セキュリティに気を付ける

Facebookは、実名で友達とコミュニケーションできるサービスであることはすでに説明したとおりですが、実名でやり取りするだけに、セキュリティには気を付けて使いましょう。具体的には、自分の情報や投稿が不特定多数の人に見られないようにしたり、友達になるユーザーをきちんと確認したりすることで対策できます。ちょっとしたことに気を付けるだけで、Facebookを安心して楽しむことができます。

1 情報の公開範囲に気を付ける

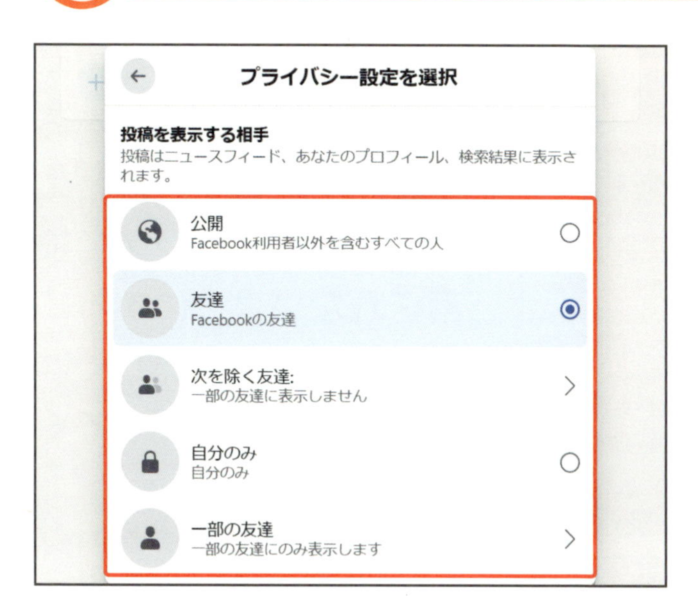

自分の情報や投稿の公開範囲はよく考えて設定しましょう。過去の投稿の公開範囲をあとから変更することもできます。詳しくは136ページを参照してください。

2 知らない人と安易に友達にならない

世界中に多くのユーザーが存在するFacebookでは、知らない人から友達リクエストが送られてくることもあります。むやみに知らない人と友達になるとトラブルの原因になることもあるので気を付けましょう。詳しくは149ページを参照してください。

次へ

3 検索できる人を制限する

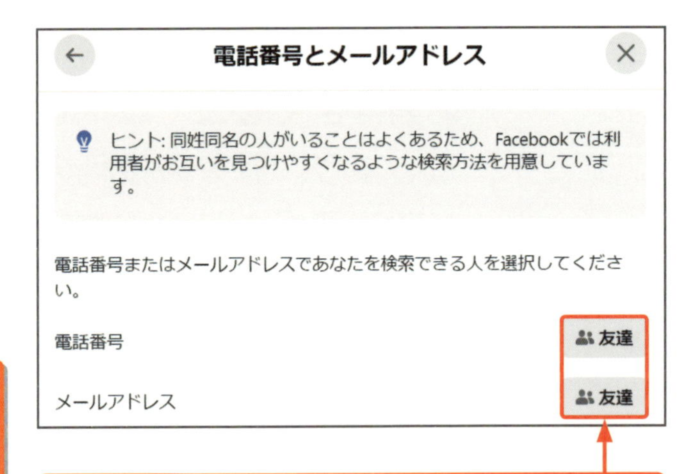

それぞれ右側に表示されている「友達」をクリックして、公開範囲を選択します。

自分のアカウントを誰が検索できるか、制限することができます。たとえば、メールアドレスで検索されないようにすることもできます。詳しくは150ページを参照してください。

4 乗っ取り対策の設定をする

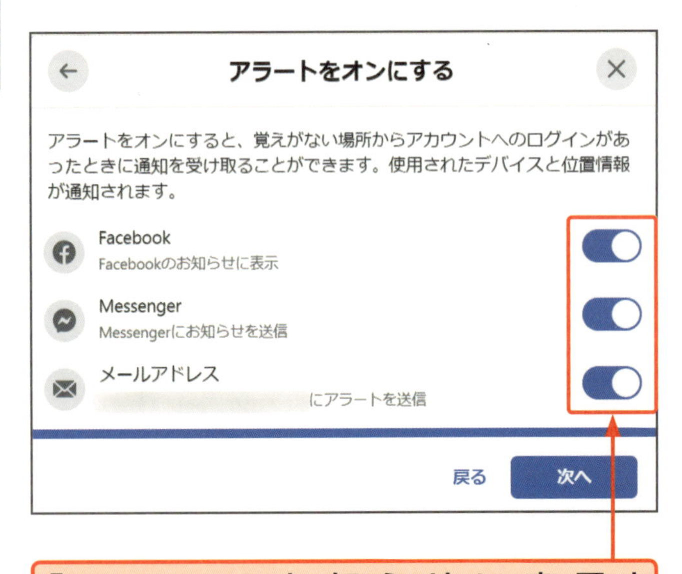

「Facebookのお知らせに表示」「Messengerにお知らせを送信」「(自分のメールアドレスに)アラートを送信」をオンにし、設定します。

自分のアカウントに不正にログインされ、乗っ取られてしまうトラブルがまれに起きることがあります。万が一に備えて、それを防ぐような設定をしておくとよいでしょう。詳しくは148ページを参照してください。

終わり

アカウント登録編

Facebookを始めよう

この章でできること

- Facebookに登録する
- アカウント画面を表示する
- プロフィール写真を登録する
- プロフィールを登録する
- Facebookからログアウトする

- Facebookへの登録方法
- アカウント画面
- プロフィール登録

この章で行うこと

第2章では、Facebookへの登録方法と、プロフィールの登録方法について解説します。Facebookの基礎となる部分をしっかり設定しましょう。

1 Facebookへ登録する

Facebookを利用するには、メールアドレスと任意のパスワード、そして名前や生年月日、性別などの登録が必要です。

2 自分のアカウント画面を表示する

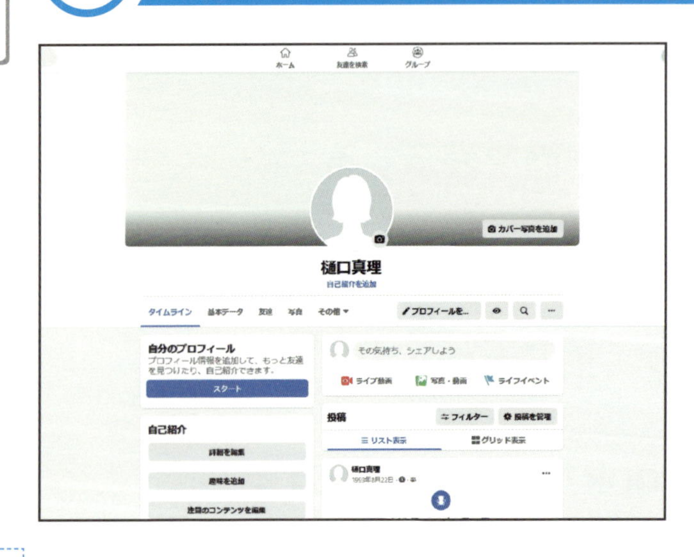

自分のアカウント画面を表示してみましょう。プロフィール写真や自己紹介の内容は、この画面から登録します。また、この画面には、自分の投稿が時系列順に表示される「タイムライン」があります。

③ プロフィール写真を設定する

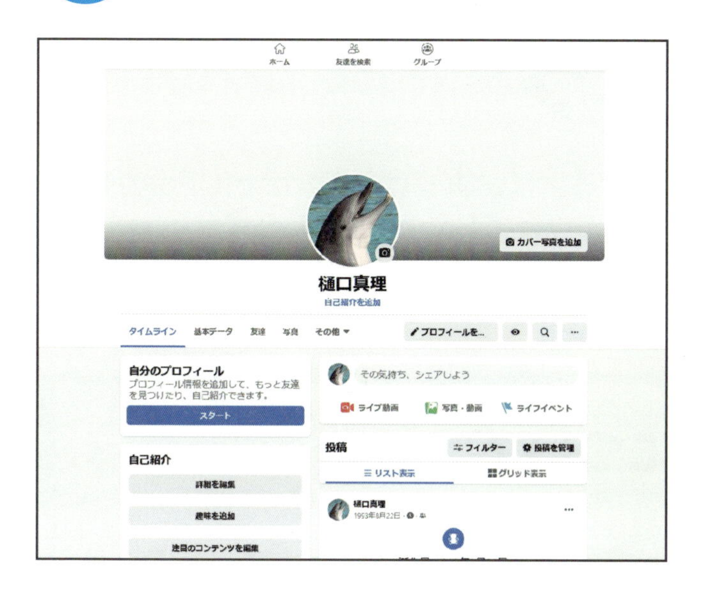

実名での登録が基本のFacebookでは、同姓同名のユーザーが意外に多いものです。友達があなたを特定しやすいように、顔の画像や好みのイメージ画像をプロフィール写真として設定しましょう。

④ プロフィールを登録する

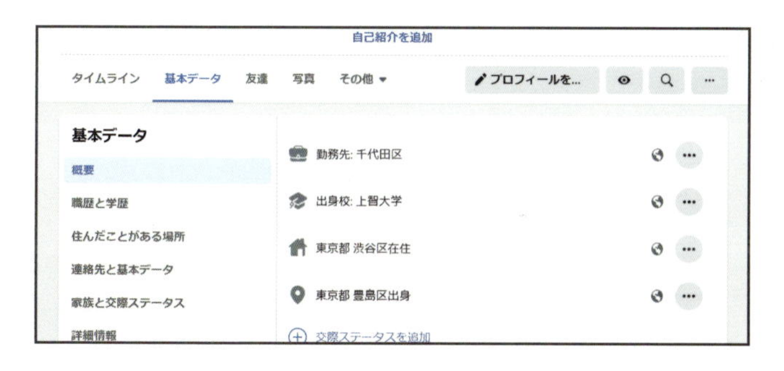

Facebookでは、出身地や居住地、出身校といった学歴、勤務先などをプロフィールに登録することができます。

好きなスポーツチームや音楽、映画などを登録する項目もありますので、趣味を通じて新たなつながりを作るきっかけにもなります。

終わり

Section 02

Facebookに登録しよう

- アカウント作成
- アカウント登録
- Facebookログイン

Facebookを利用するには、まずは「Microsoft Edge」などのインターネットブラウザでFacebookの公式サイトを表示し、アカウントの登録を行う必要があります。

アカウント登録について

Facebookのアカウント登録には、名前、メールアドレス、パスワード、生年月日、性別の登録が必要です。名前は漢字だけではなく、平仮名やアルファベットでの登録も可能です。

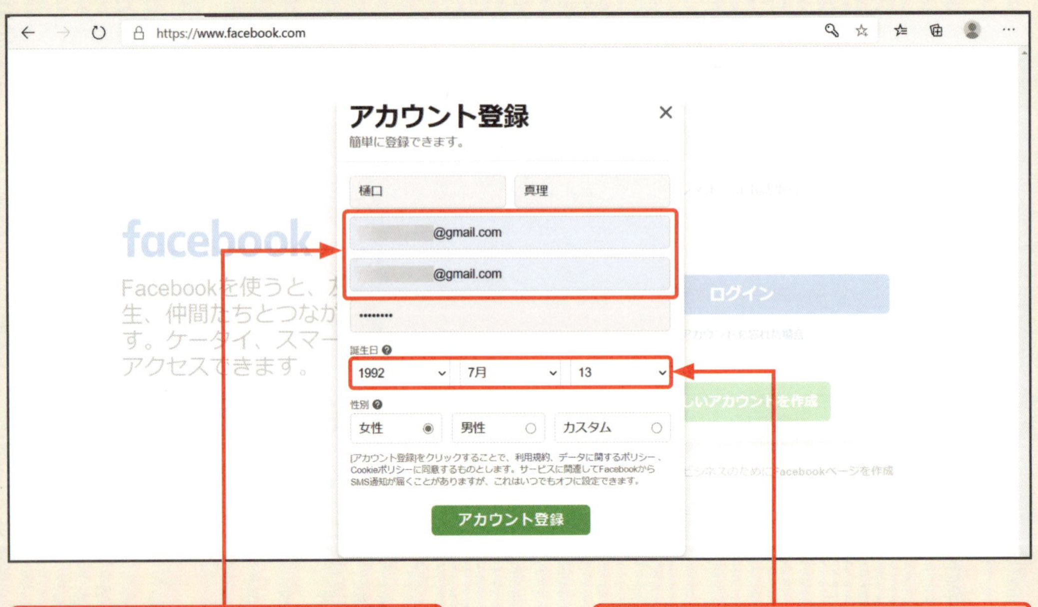

Gmailなどフリーメールでも登録できます。

誕生日の登録が必要です。

① Facebookのサイトを表示します

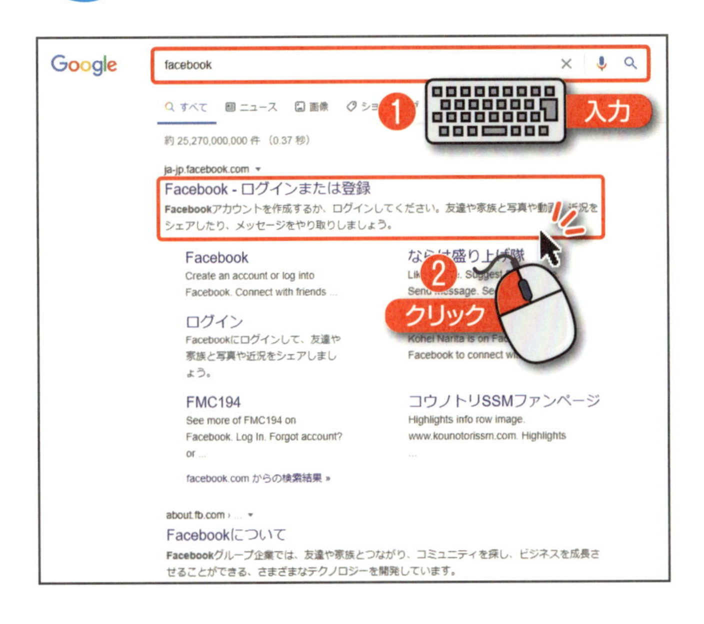

Facebookの登録を行うために、「Google」などの検索サイトで「facebook」と**入力**  して検索し、検索結果の中から<Facebook - ログインまたは登録>を**クリック**します。

② 名前、メールアドレス、パスワードを入力します

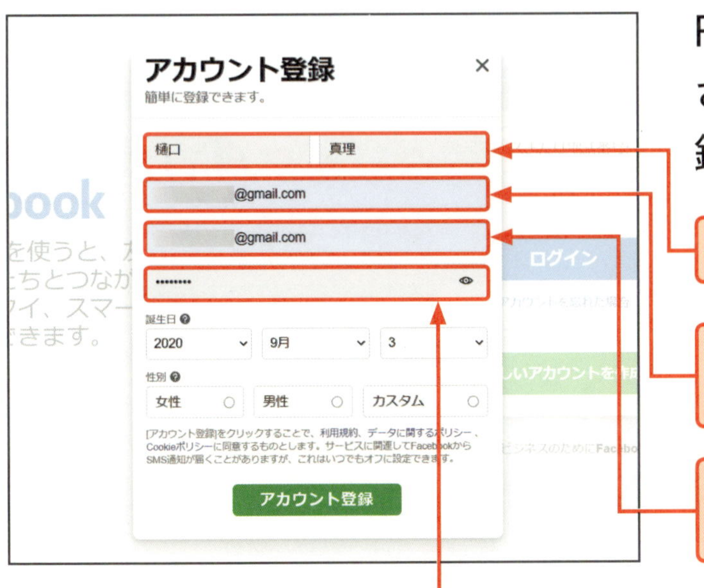

Facebookの画面が表示されたら、アカウント登録を行います。

次へ 

3 誕生日を登録します

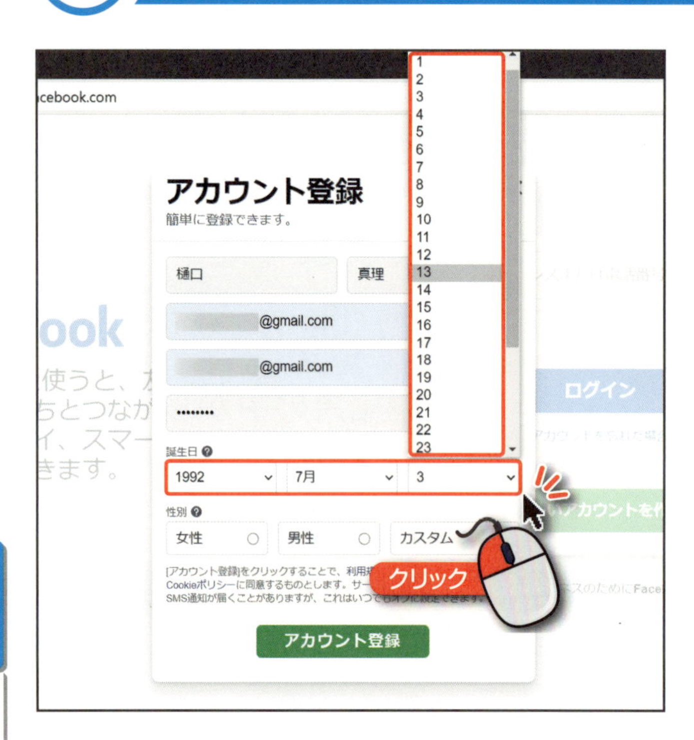

誕生日の年、月、日をそれぞれ**クリック**して選択します。

4 アカウントを作成します

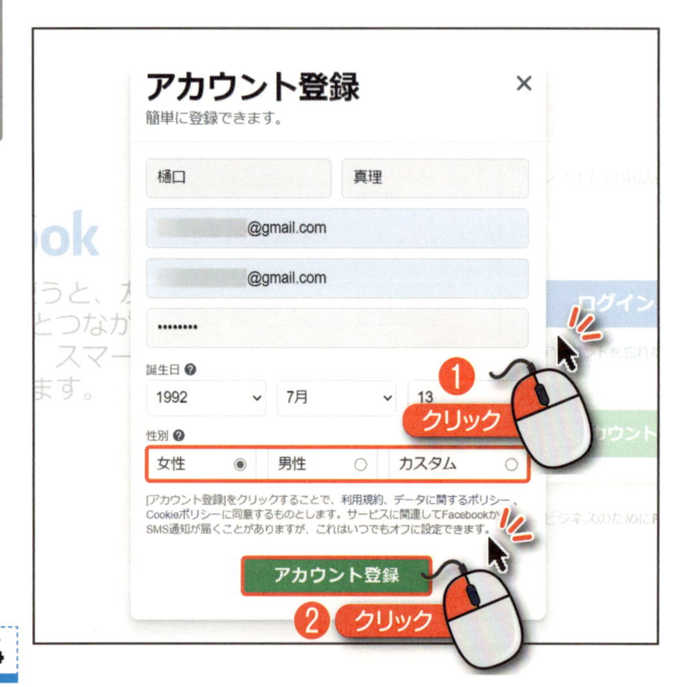

性別を**クリック**して選択します。

アカウント登録を**クリック**します。

⑤ Facebookからのメールをチェックします

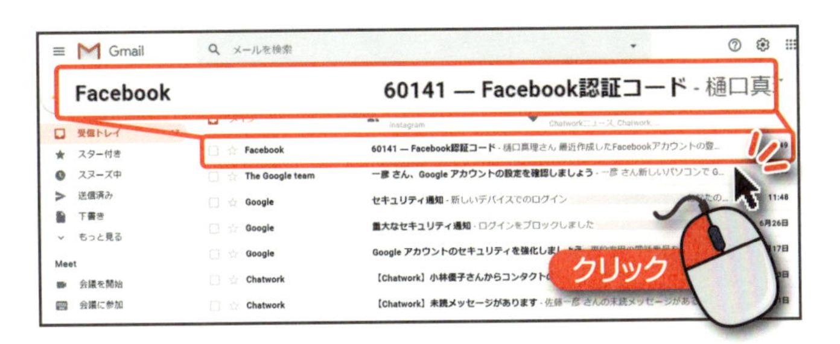

メールソフトで、受信したメールを確認します。「Facebook認証コード」というメールがFacebookから届きます。

クリック  して

メールを開きましょう。

⑥ メールでアカウントを認証します

アカウントを認証 を

クリック  します。

ポイント

アカウントを認証 をクリックすると、自動的にインターネットブラウザが起動してFacebookのサイトが表示されます。このあとの操作は、28ページから解説します。

終わり

アカウント登録編

Section 03

登録を確認しよう

- メール
- アカウント認証
- アカウント確認

アカウントの認証が完了すると、Facebookからアカウントが作成されたという内容のメールが届きます。きちんとメールが受信されているか確認しましょう。

アカウント作成の完了

Facebookのアカウントを作成すると、確認メールが届きます。メールの内容を確認し、Facebookを活用するための方法を把握しておくと、このあとの操作がスムーズです。

Facebook - フェイスブックへようこそ！

Facebook <registration@facebookmail.com> 11:50 (1 時間前)
To 自分

Facebook

アカウントが作成されました！Facebookを使って、今まで以上に簡単に友達や家族と情報を交換したり、交流したりしましょう。

Facebookをさらに活用するための3つの方法をご紹介します。

知り合いを検索
簡単なツールを使って、Facebookで友達や家族を見つけましょう。

プロフィール写真をアップロードする
プロフィールに情報を追加して、友達があなたを見つけられるようにします。

プロフィールを編集
興味のあること、連絡先情報、所属している団体などを記入します。

スタート

Facebookを活用するための方法を確認できます。

① メール受信を確認します

メールソフトなどを開き、受信したメールを確認します。
「フェイスブックへようこそ！」というメールがFacebookから届いていたら、

クリック  して

メールを開きましょう。

② メールを表示します

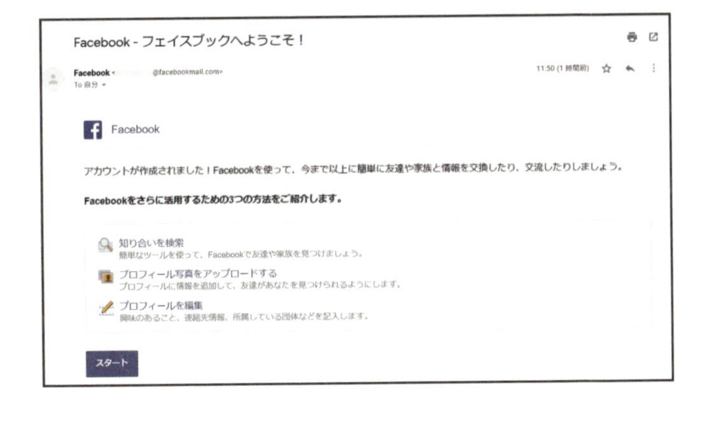

メールの内容が確認できます。
このメールが届くと、Facebookのアカウントの作成が完了したことになります。

終わり

自分のアカウントの画面を表示しよう

- アカウント画面
- メニューバー
- タイムライン

Facebookを利用するには、プロフィールの登録が必要です。プロフィールは自分のアカウント画面から登録します。まずは、アカウント画面を表示してみましょう。

画面の見方

Facebookの画面の上部にはメニューバーがあり、どのページに移動しても表示されます。このメニューバーの右側にある自分の名前をクリックすれば、自分のアカウント画面を表示できます。

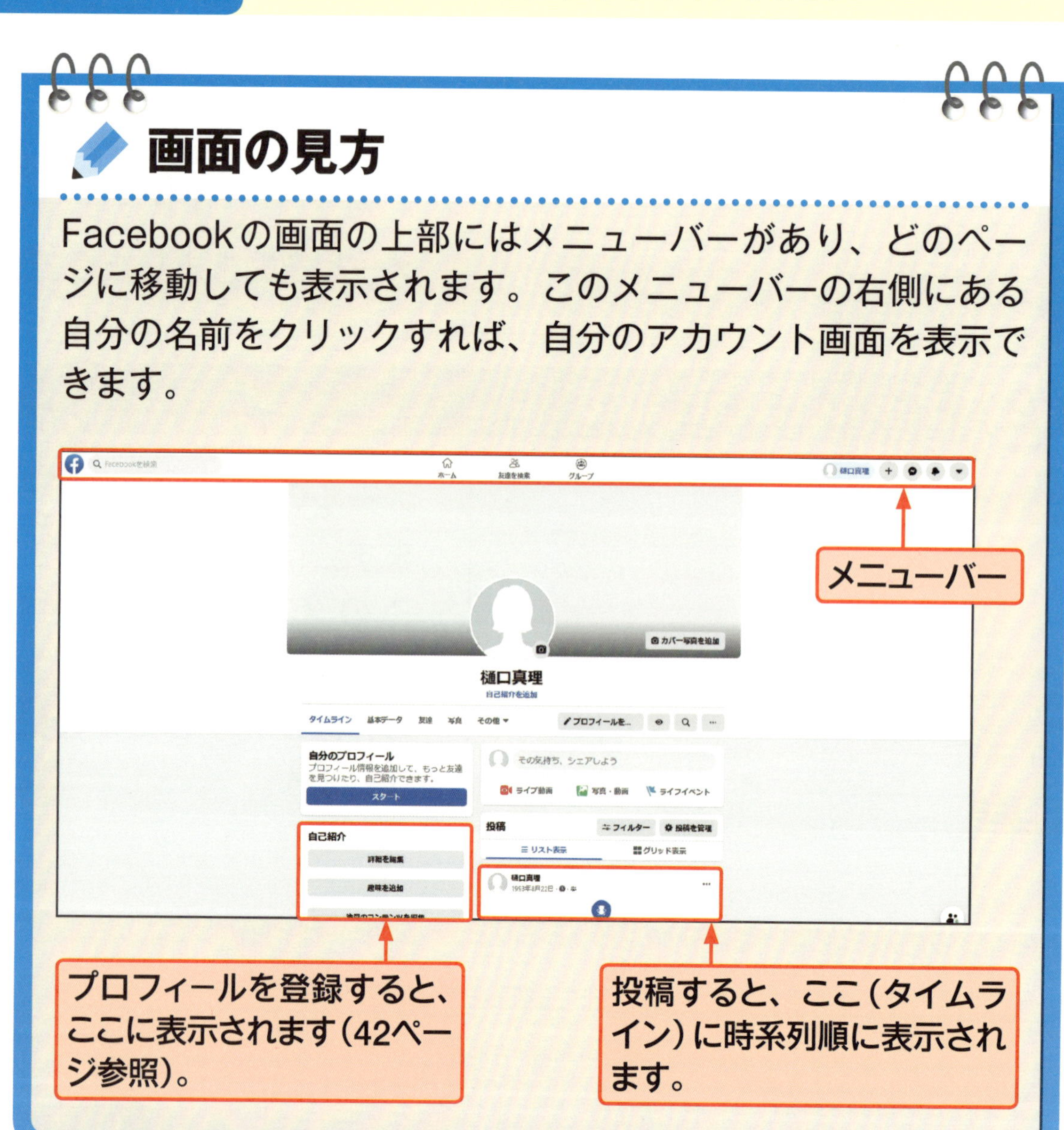

1 自分のアカウント画面を表示します

自分の名前を**クリック**  します。

2 自分のアカウント画面が表示されました

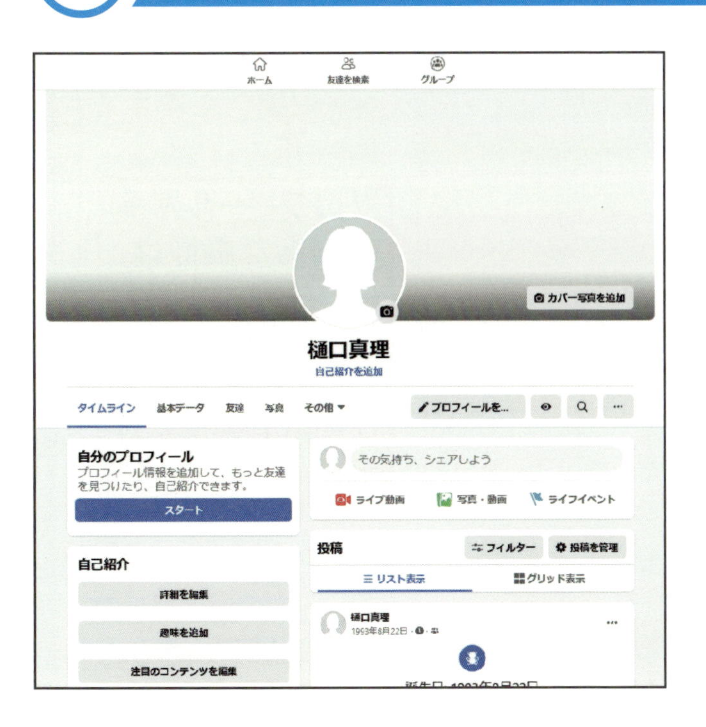

自分のアカウント画面が表示されました。投稿した文章や画像は、この画面に時系列順に表示されます。

終わり

アカウント登録編

Section 05

プロフィール写真を登録しよう

- プロフィール写真
- 写真アップロード
- 写真トリミング

自分のアカウント画面から、プロフィール写真を登録しましょう。プロフィール写真はFacebookにおいて、あなたの「顔」になるものです。気に入った写真を選びましょう。

プロフィール写真について

プロフィール写真は、顔写真でなければならないという決まりはありません。ただし、成りすましなどを防止するためにも、自分で撮影した画像やイラストなど、オリジナルの画像を使うことをおすすめします。

自分が映っている画像をプロフィール写真に使うのに抵抗がある人もいるでしょう。自分で撮影した風景画像やペットの画像、趣味で使うものなどの画像をプロフィール写真に使う人も多いようです。

① プロフィール写真の登録を始めます

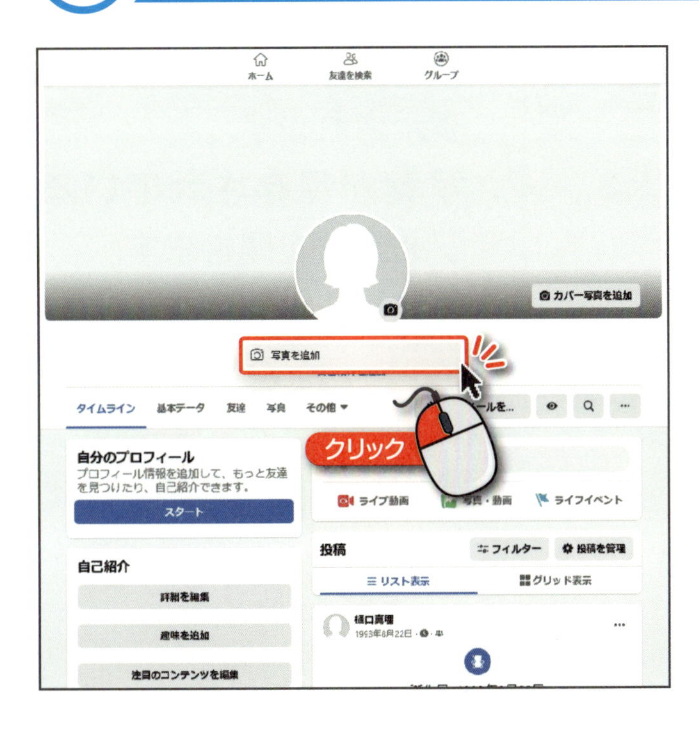

29ページの方法で
自分のアカウント画面を
表示します。

「写真を追加」を

クリック します。

② 「写真をアップロード」をクリックします

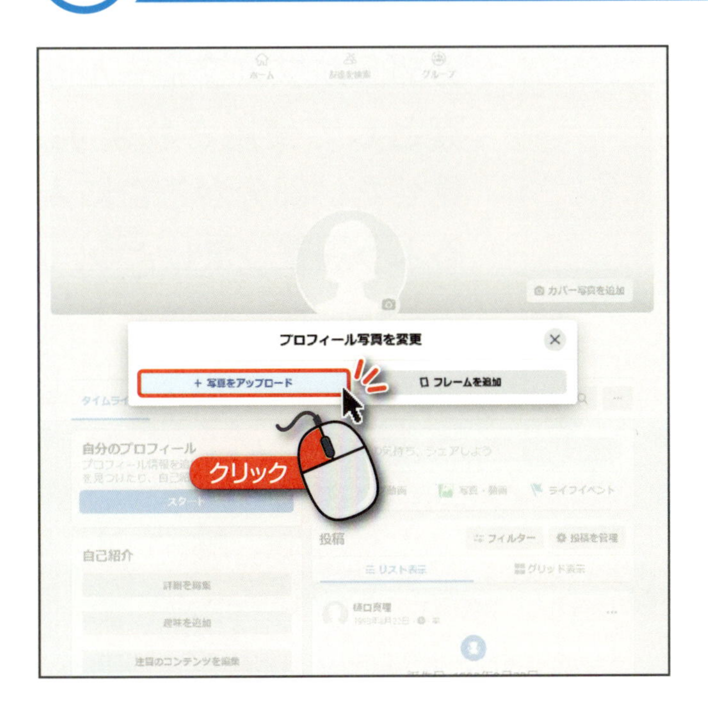

「+ 写真をアップロード」を

クリック  します。

次へ

3 写真を選択します

写真の選択画面が表示されます。写真が保存されているフォルダを開きます。設定したい写真を**クリック**して選択し、を**クリック**します。

4 写真の位置や大きさを調整します

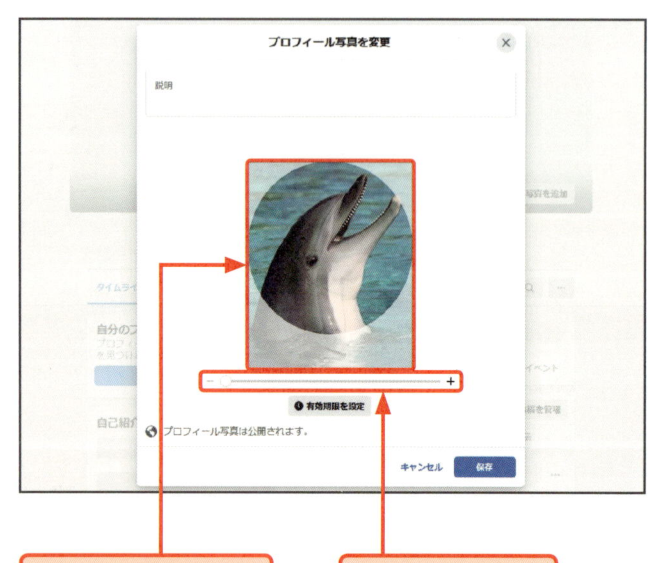

円の内側でクリアに見える部分がプロフィール写真として使用されます。見せたい部分がここに入るよう調整しましょう。

写真を動かして位置を調整します。

スライドして大きさを調整します。

5 プロフィール写真を保存します

写真を調整したら
保存 を
クリック します。

6 プロフィール写真の登録が完了します

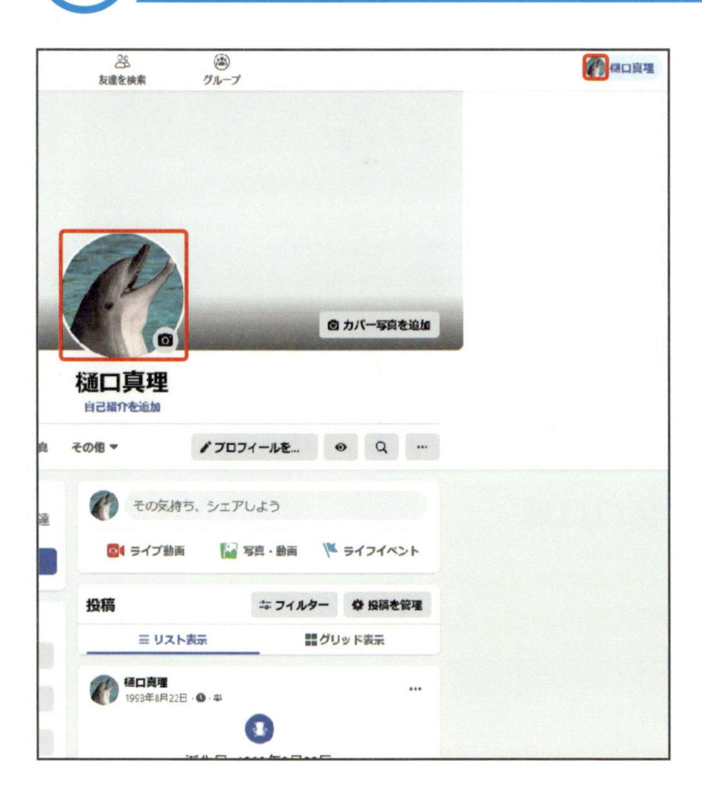

写真が登録されました。

ポイント

ここで登録した写真は、投稿やプロフィールのアイコンとして、あらゆる場所で表示されます。

終わり

アカウント登録編

Section 06

カバー写真を登録しよう

- 背景
- カバー写真
- 写真をアップロード

「カバー写真」と呼ばれる背景の画像も登録しましょう。ページの上部に大きく表示されるので、画像であなた自身の個性をアピールすることができます。

カバー写真の登録について

30ページのプロフィール写真の登録と同様、自分のアカウント画面から、カバー写真を登録します。

カバー写真は横長に表示されます。

1 カバー写真の登録を始めます

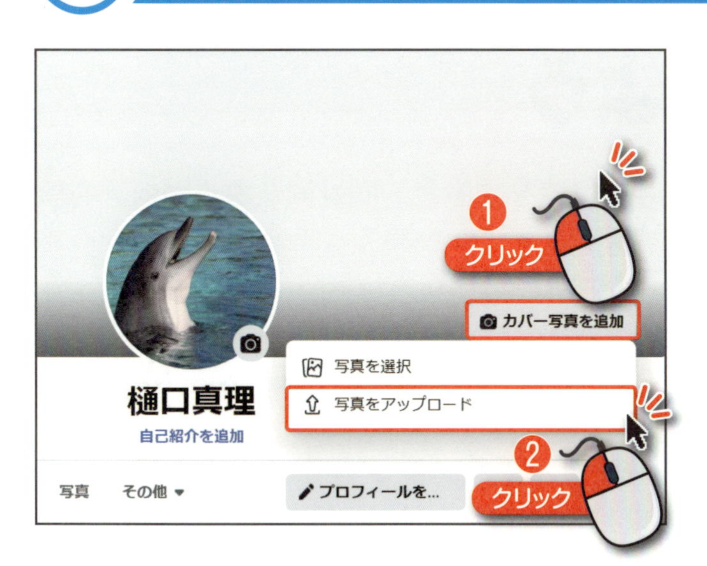

29ページの方法で
アカウント画面を表示し、
カバー写真を追加 を
クリック  して、
写真をアップロード を
クリック  します。

2 写真の位置を調整します

32ページの方法で
写真を開き、写真を
ドラッグ して
位置を調整します。

3 写真の設定を完了します

変更を保存 を
クリック  して
設定完了です。

終わり

アカウント登録編

Section 07

自分のプロフィールを登録しよう

- プロフィール項目
- プロフィール登録
- プロフィール公開

Facebookで人名を検索をすると、同姓同名の人が何人も該当することがあります。友達から見て、あなただとわかるような情報をプロフィールに登録しましょう。

Facebookに登録する主なプロフィール

勤務先や出身地、出身校、ニックネームなどを登録することで、あなただと認識してもらえるよう、情報を登録しましょう。

「基本データ」に登録したプロフィールが表示されます。

クリックすると項目が切り替わります。

登録した項目です。

1 プロフィールの登録画面を開きます

メニューバーの
自分の名前を
クリック  して
自分のアカウント画面を
開きます。

基本データ を

クリック  します。

2 「出身地を追加」をクリックします

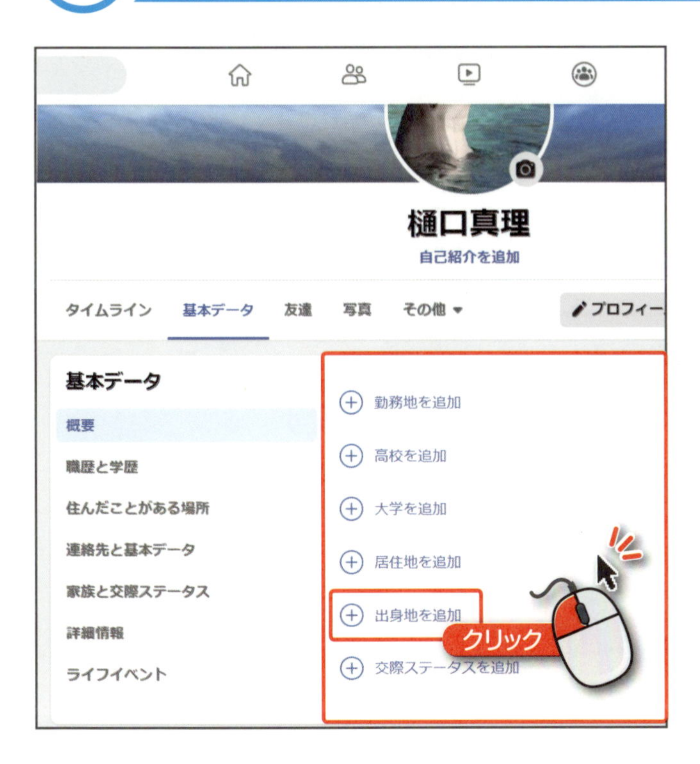

プロフィールを登録する
画面が表示されます。
各項目をクリックして
登録していきます。
ここでは

⊕ 出身地を追加 を

クリック して
出身地を
登録してみましょう。

次へ

3 出身地の入力欄をクリックします

出身地の入力欄を

クリック  します。

4 出身地の地名を入力します

出身地の地名を

入力  します。

候補が表示されるので、設定したい住所を

クリック して

確定します。

5 出身地を設定します

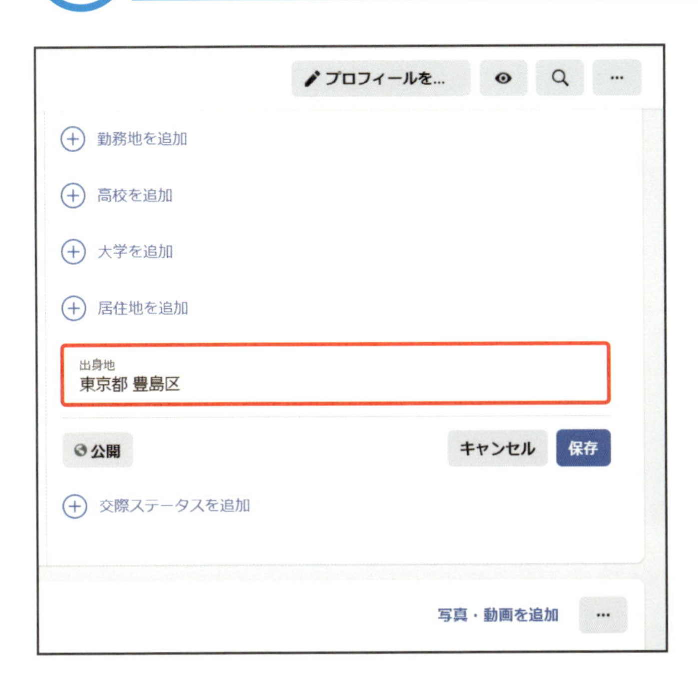

出身地が設定されました。

Facebookのプロフィールは、勤務先を登録する際、市町村区を入力できます。

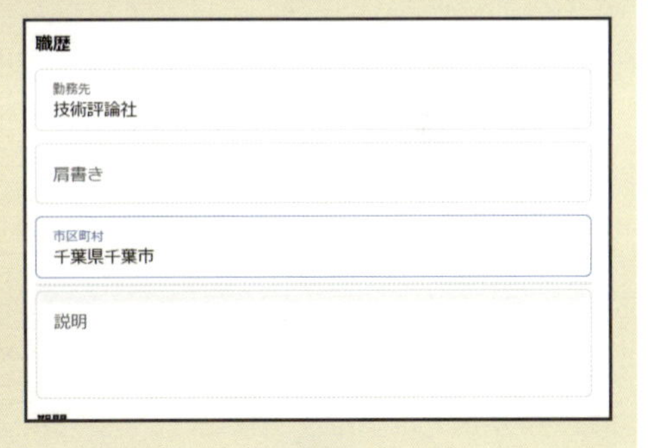

しかし、「千葉県千葉市……」のように住所を自由入力すると、保存してもプロフィールに反映されません。これはFacebookがデータベースに登録されている住所から選択するしくみになっているためです。適合する住所を入力して、候補から選びましょう。

職歴
勤務先
技術評論社
肩書き
市区町村
千葉県千葉市
説明

6 出身地の公開範囲を変更します

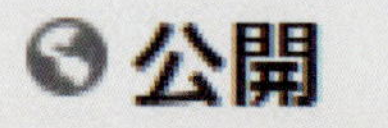 を

クリック  すると公開範囲を設定できます。任意の公開範囲をクリックして選択します。

保存 を

クリック  して出身地と公開範囲を確定します。

ポイント

Facebookでは、公開範囲を設定することで、その情報を見る人を限定することができます。公開範囲には下記のような種類があります。
出身地は「公開」、学歴の大学は「友達」など、項目ごとに公開範囲を変えることができるので、プライバシーを守ることができます。

公開	インターネット上で誰でも見ることができます。
友達	自分と「友達」になっている人だけが見ることができます。
次を除く友達	指定した友達は見ることができません。
一部の友達	指定した友達のみ見ることができます。
自分のみ	自分以外の人は見ることができません。
カスタム	見ることができる人を細かく設定することができます。

7 自己紹介を登録します

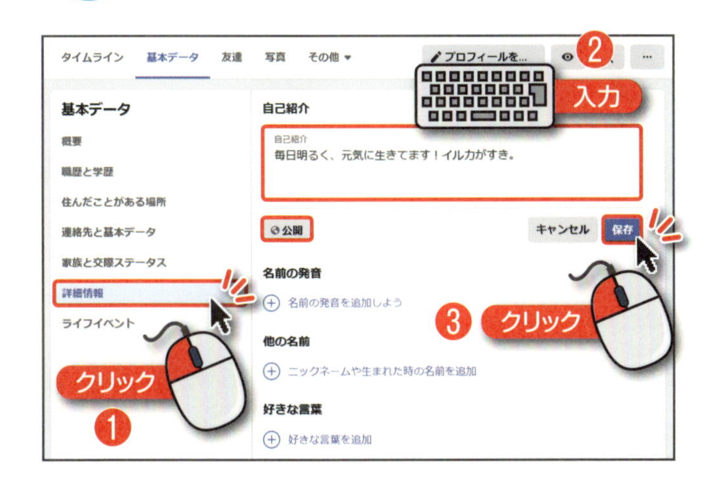

を

クリック します。

「自己紹介」を

入力  します。

公開範囲も設定し、

保存 を

クリック します。

8 好きなスポーツチームや音楽、本などを登録します

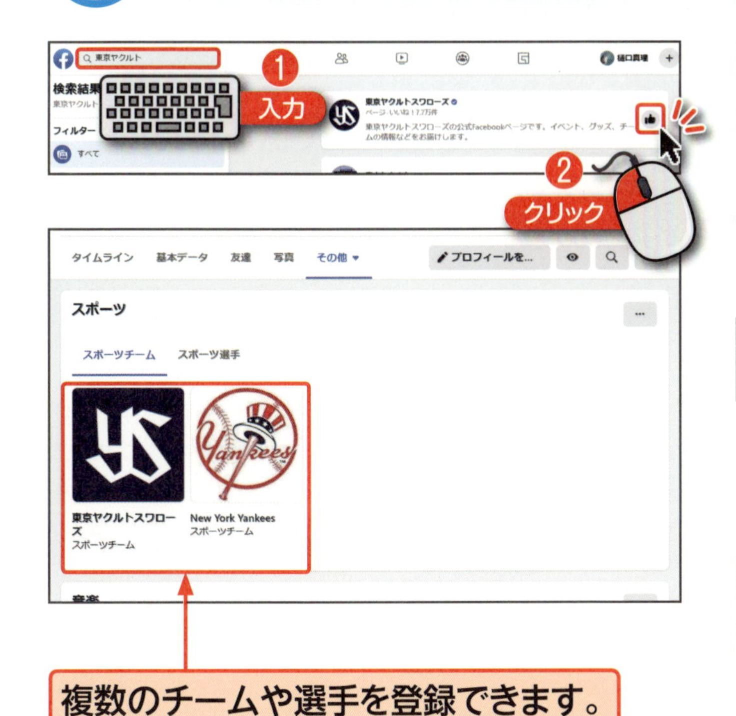

複数のチームや選手を登録できます。

画面左上の検索欄に お気に入りのチーム名を

入力 し、

Enter キーを押します。

👍をクリックします。

音楽や本なども登録できます。

終わり

アカウント登録編

Section **08**

自分のプロフィール画面を見よう

- プロフィール画面
- プロフィール確認
- 基本データ確認

基本データを登録し終わったら、「プレビュー」でほかの人からあなたのFacebookがどう見えるのかを確かめてみましょう。必要があれば、データの公開範囲を変更できます。

プロフィール画面を確認する

プロフィールにはあなたの個人情報がたくさん含まれています。Facebookのユーザーがあなたの Facebookを見たとき、どの情報がどのように見えるのかをチェックしておきましょう。

1 プロフィールの確認画面を表示します

29ページの方法でアカウント画面を開きます。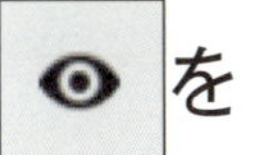を**クリック**して、基本データを**クリック**します。

2 「基本データ」の確認画面を表示します

ほかの人から見える基本データの項目が表示されます。公開範囲を「公開」にした「居住地と出身地」のみが見える状態です。プレビューを閉じるを**クリック**してプレビューを閉じます。

終わり

アカウント登録編

Section 09

Facebookから ログアウトしよう

- ログアウト
- ログイン
- 個人情報の公開範囲設定

Facebookを終了するにはどうすればよいでしょう。インターネットブラウザを閉じる、またはタブの「閉じる」ボタンでも終了できますが、確実なのは「ログアウト」です。

「ログアウト」を行う

Facebookはインターネット上で利用するサービスです。ログアウトを行えば、Facebookを終了することができます。Facebookの操作をやめるときには、一度ログアウトしておくとよいでしょう。

●ログアウトする

①ログアウトします

を

クリックして、

を

クリックします。

これでFacebookからログアウトしました。

終わり

コラム ログアウトしたあと、再びFacebookに戻るには?

一度、インターネットでFacebookを利用すると、ログイン情報が残ります。インターネットでFacebookに接続して、自分のアイコンをクリックするか、ページ右上のログイン欄に登録したメールアドレスとパスワードを入力して、再ログインしましょう。

画面左側のアイコンをクリックするとパスワードの入力画面が現れます。パスワードを入力すれば再びログインできます。

コラム　個人情報の公開範囲を変更する

36ページから41ページではプロフィールを登録する手順を紹介しましたが、プロフィールに勤務先や学歴（大学や高校などの出身校）を登録する際は、公開範囲を設定しないと、自動的に「公開」に設定されます。そのため、Facebook上であなたと「友達」になっていない人でも、あなたの学歴や勤務先を見ることができます。出身校や勤務先を通して友達を探したい場合はこのような設定でよいですが、プライバシーを守る上では公開範囲を設定したほうがよいでしょう。公開範囲の変更は下記の方法で行うことができます。なお、必要がないと思うプロフィール項目は設定しなくてもかまいません。

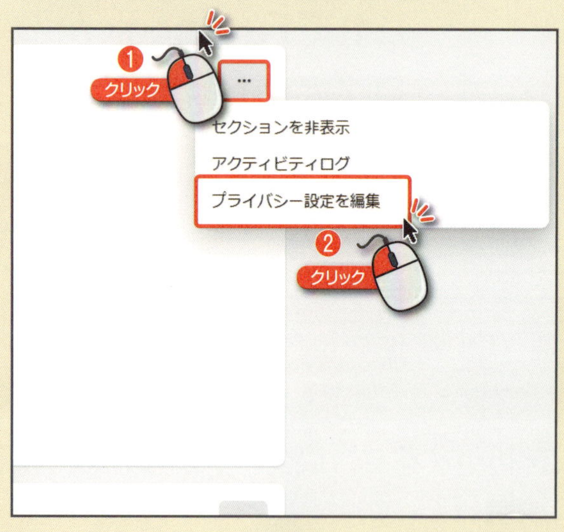

1

37ページの方法で「基本データ」画面を表示します。公開範囲を変更したい項目の … を**クリック**するとメニューが表示されるので、プライバシー設定を編集 を**クリック**します。

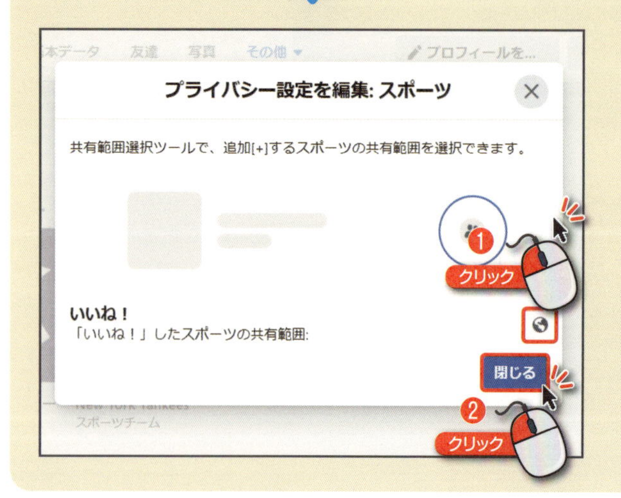

2

プライバシーの編集画面が表示されるので、🌐を**クリック**して選択します。閉じる を**クリック**すると、変更が完了します。

友達編

友達とつながろう

この章でできること

- 友達を探す
- 友達とつながる
- 友達の投稿を表示する
- 投稿に反応する
- 友達にメッセージを送る

この章で行うこと

- 友達
- 投稿に反応する
- メッセージ

実生活での知り合いや友人と、Facebookで「友達」になる手順を紹介します。投稿に「いいね！」やコメントを送るなど、Facebookならではの方法で交流の幅を広げましょう。

1 Facebook上で友達や知り合いを探す

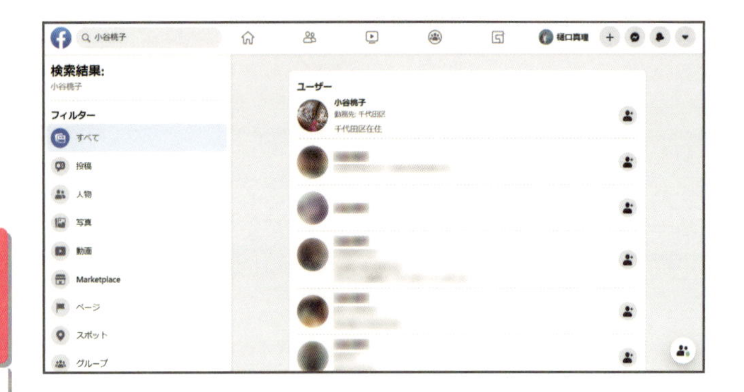

名前で検索して、Facebookを利用している友達を探せます。

2 出身地や出身校などで友達を探す

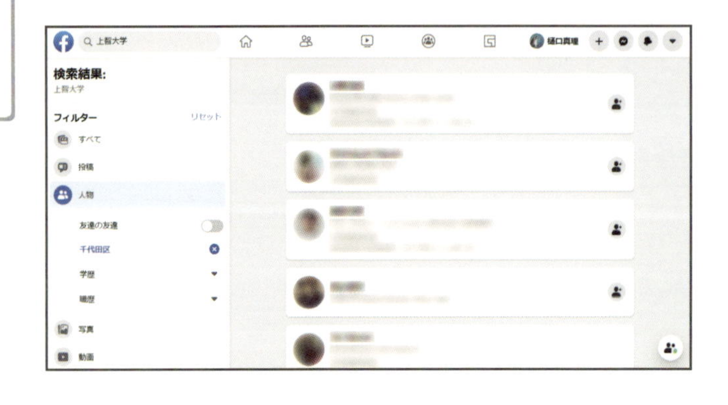

プロフィールに登録している出身地や出身校などで、友達を探せます。

③ 友達リクエスト申請をする

「友達」になると、コミュニケーションの幅が広がります。

④ 友達の投稿に「いいね!」やコメントを送る

友達に「いいね！」やコメントを送って、楽しくやり取りをしましょう。

⑤ Messengerを使ってメッセージを送る

Messengerは、相手と2人だけでメッセージのやり取りができる機能です。

終わり

出身地・出身校などの条件で検索しよう

- 友達を検索
- Facebookユーザー
- 条件検索

メニューバーにある「友達を検索」から、プロフィールのさまざまな項目を条件に友達を検索することができます。出身地、出身校、友達の友達など、複数の条件での検索も可能です。

友達の検索について

「友達を検索」の画面から、自分と同じ出身地や出身校の友達を探すことができます。ただし、検索できるのは、友達がプロフィールの公開範囲を「公開」にしている場合に限ります。

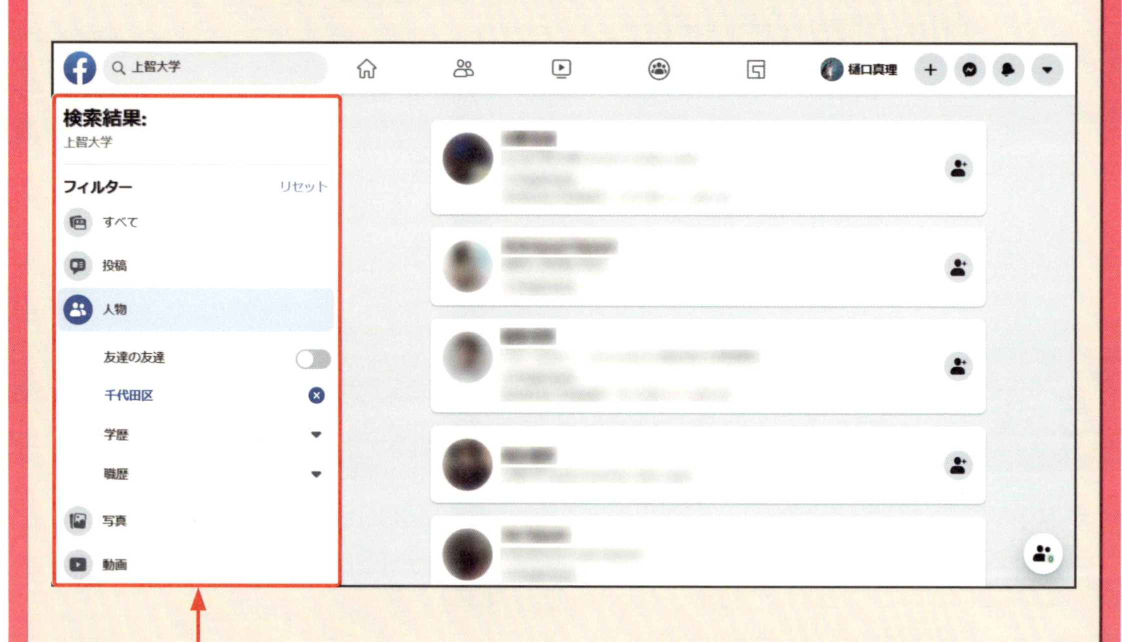

市町村や学歴、職歴などさまざまな項目で条件を絞り込み、検索できます。

1 「友達を検索」画面を開きます

メニューバーの

を

クリック  します。

2 友達の候補が表示されます

知り合いかもしれないFacebookユーザーが表示されます。

3 友達を検索します

画面上の検索欄に、出身地や出身校を**入力**してキーボードの Enter キーを押します。

4 検索結果を絞り込みます

すべての検索結果が表示されるので、をクリックします。

5 新しい条件を選択します

検索結果をさらに絞り込むために、新しい条件を選択します。

市区町村の▼をクリックし、住所の条件を新しく**入力**します。

6 新しい条件で友達を検索します

新しく入力した条件も、ほかの条件と合わせて探すことができます。ユーザーの名前を**クリック**すると、アカウント画面が表示されます。

終わり

友達を名前で探そう

- 友達検索
- メールアドレス検索
- 電話番号検索

Facebookは実名での登録が基本です。そのため、名前で検索することで昔の知り合いや友達を探し出すことができます。検索にはメニューバーにある検索欄を使います。

友達の検索について

検索欄では友達の名前のほか、メールアドレスや携帯電話番号での検索もできます。しかし、人によっては、プライバシーを保護するため、検索できないように公開範囲を制限している場合もあります。

検索欄に名前やメールアドレスを入力して検索を行います。

1 友達の名前を入力します

画面上の検索欄に友達の名前を**入力**してキーボードの Enter キーを押します。
候補が表示されるので、探している名前を見つけたら、アイコンを**クリック**します。

2 友達のページが表示されます

友達のアカウント画面が表示されます。

ポイント

この画面では、友達の自己紹介やタイムラインなどを見ることができます。友達のタイムラインには、友達自身が投稿した記事が時系列で表示されています。

終わり

友達編

Section 04

友達リクエストを申請しよう

- 友達リクエスト申請
- 友達リクエスト送信
- 友達リスト確認

友達をFacebook上で探し出したら、「友達リクエスト」を申請してみましょう。「友達」に登録すれば、Facebook上で交流できるようになります。

友達のリクエスト申請について

友達に、「友達リクエスト」を送ります。友達になると、友達リストに表示されます。

Facebook上で「友達」になると、友達リストに表示されます。

1 友達のアカウント画面を表示します

53・55ページの方法で友達を検索し、友達のアカウント画面を表示します。友達になるをクリックします。

2 「友達リクエスト」が送信されます

友達になるが

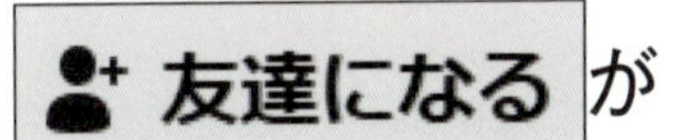

に変わります。

次へ

③ 友達リクエスト承認の通知を受信します

友達リクエストが承認されると、メニューバーのアイコンが 1 のような表示になるので、**クリック** します。

④ 友達リクエスト承認の通知を確認します

友達リクエスト承認の通知が表示されます。

5 友達リストを表示します

メニューバーの自分の名前を

クリック  して、

自分のアカウント画面を表示します。

を

クリック  します。

6 友達リストを確認します

友達の名前とプロフィールアイコンが表示されています。これで友達の登録は完了です。

ポイント

「友達」の横に表示されている数字は、友達の人数です。

終わり

友達編

Section 05

自分に届いたリクエストを許可しよう

- リクエスト許可
- メール受信
- 通知から承認

56ページとは反対に、ほかのFacebookユーザーがあなたに「友達リクエスト」を申請してきたら、どのような操作が必要なのかを知りましょう。

友達リクエストを許可する

知り合いや友達があなたに「友達リクエスト」を送ると、Facebook上に、「友達リクエスト」の承認依頼が表示されます。「友達リクエスト」を承認すると、友達リストに追加されます。

1 通知から「友達リクエスト」を承認します

を

クリック します。

承認を

クリック すると

友達リクエストの承認が完了します。

2 友達リストを確認します

59ページの方法で友達リストを表示します。承認した友達が友達リストに加えられています。

終わり

友達編

Section 06

友達の投稿を表示しよう

- メニューバー
- ニュースフィード
- 投稿閲覧

Facebookで「友達」を登録すると、友達の投稿があなたのホーム画面に表示されるようになります。ここでは友達の投稿を見る方法を紹介します。

友達の投稿を表示する

メニューバーにある「ホーム」をクリックすると、中央に「ニュースフィード」が表示されます。ここに友達の投稿が表示されます。

「ニュースフィード」には友達の投稿や、Facebookのさまざまな情報が表示されます。

1 ホーム画面を表示します

を

クリック  します。

2 友達の投稿が表示されます

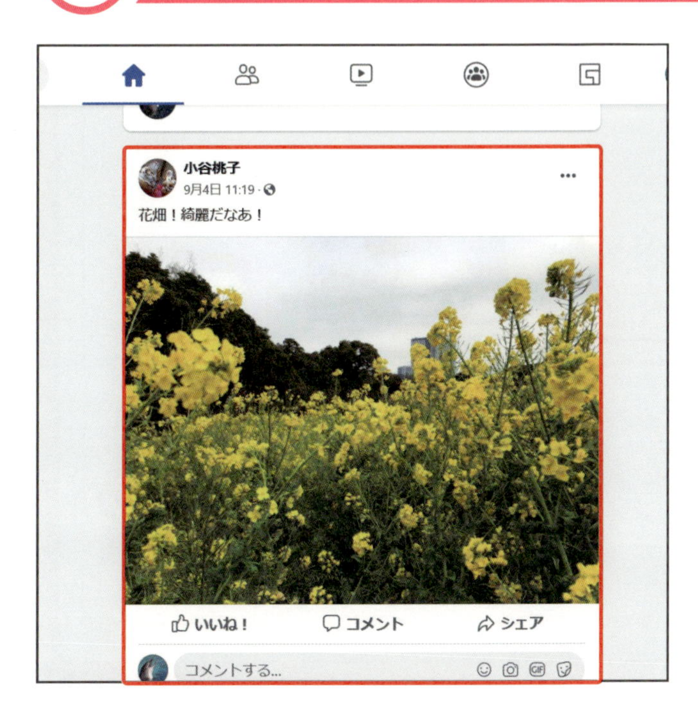

ページ中央の部分が「ニュースフィード」です。Facebook上の「友達」や、フォローしているユーザー、「いいね！」を押したユーザーなどによる投稿が表示されます。

終わり

投稿を詳しく見よう

- 投稿画面
- 写真・動画閲覧
- Webリンク閲覧

「投稿」は近況や興味のあることを公開し、友達との交流を深めるためのFacebookの肝となる機能です。友達の投稿の見方を知りましょう。

投稿画面について

文章による「記事」に加え、画像や動画なども投稿することができます。

1 友達の投稿を見てみましょう

❶投稿した友達のプロフィール写真が表示されています。

❷投稿した友達の名前が表示されています。

❸投稿した時間が表示されています。

❹公開範囲が表示されています。

❺投稿記事の本文が表示されています。

❻投稿した画像が表示されています。

❼「いいね！」を付けられます（68ページ参照）。

❽コメントを付けられます（72ページ参照）。

❾記事をシェアできます（114ページ参照）。

次へ

② 友達のアイコンをクリックします

友達のプロフィール写真のアイコンを**クリック**  します。

③ 友達のアカウント画面を表示します

友達のアカウント画面では、友達がこれまでに投稿した記事が時系列順に表示されています。

4 友達が投稿した写真を見ます

友達が投稿した写真を
クリック  します。

5 写真が大きく表示されます

投稿欄では一部しか表示されていなかった写真がすべて表示され、詳しく見ることができます。

終わり

友達編

Section 08

投稿に「いいね!」しよう

- 投稿
- いいね!
- リアクション

「いいね！」は、気軽にできるFacebookならではのコミュニケーションです。近年ではより多彩な感情が表せるよう、「リアクション」機能が新しく追加されました。

投稿に反応する

投稿に「いいね！」をクリックすると、「あなたの投稿を読んでいるよ」「とてもいい記事だね」といったメッセージを、投稿した相手に送ることができます。

「いいね!」にカーソルを重ねると、アイコンが表示されます。これは、「リアクション」という機能です。「いいね!」のほかに「超いいね!」「大切だね」「うけるね」「すごいね」「悲しいね」「ひどいね」があります。

① 投稿を表示します

メニューバーの ⌂ をクリックします。
「ニュースフィード」に友達の投稿が表示されています。

② 「いいね!」をクリックします

いいね! をクリックすると「いいね!」が付き、グレーの文字が青色に変わります。
相手のFacebookにあなたが「いいね!」を送ったと通知されます。

次へ

③「いいね!」にマウスを重ねます

の文字の上にカーソルを重ねます。

④リアクションが表示されます

リアクションのアイコンが7つ表示されます。

5 リアクションを選択してクリックします

それぞれのアイコンにカーソルを重ねると、リアクションのメッセージが表示されます。
リアクションを選択して**クリック**します。

6 リアクションが相手に通知されます

アイコンをクリックすると、リアクションとそのメッセージが表示されます。
と同様に、選んだリアクションが、相手に通知されます。

終わり

友達編

Section 09

投稿にコメントしよう

- コメント
- コメント欄表示
- スタンプ

投稿にコメントすると、さらに具体的なメッセージを友達に伝えられます。投稿への反応があるとうれしいものです。気軽にコメントしてみましょう。

投稿にコメントをする

友達の投稿にコメントをします。ホーム画面からコメント欄にコメントやスタンプを送信しましょう。

1 コメント欄をクリックします

投稿のコメント欄を
クリック します。

2 コメントを入力します

コメントを
入力 します。

次へ

3 コメントを送信します

キーボードの Enter キーを押すと、コメントが送信されます。

4 スタンプを送ります

投稿にスタンプを送信するには、を**クリック**します。

5 スタンプを選択します

スタンプが表示されます。
スタンプの種類をメニューから**クリック**して切り換えて、送信したいスタンプを**クリック**します。

6 スタンプがコメント欄に表示されます

コメント欄にスタンプが送信されました。

ポイント

コメントを削除したり編集したりするには、コメントにカーソルを置いて、…をクリックして、メニューを選びます。

終わり

友達編

Section 10

友達からのメッセージを読もう

- Messenger
- メッセージ表示
- メッセージを読む

Facebookには「Messenger」という、指定した相手とメッセージのやり取りができる機能があります。友達からメッセージが届くと、メニューバーに通知が表示されます。

メッセージを確認する

Messengerでのメッセージはコメントの機能とは異なり、ほかのユーザーからは見られることなく、個人的なやり取りをすることができます。

1 メッセージの通知を確認します

Facebookでメッセージを受信すると、のように表示されます。

ポイント

付いている数字は未読メッセージの件数です。

2 メッセージを表示します

を**クリック**すると、メッセージを送信した相手の名前が表示され、メッセージの内容が確認できます。

ポイント

表示されたメッセージをクリックすると、画面右下にメッセージの画面が開き、返信を入力できます。

終わり

友達編

Section 11

友達にメッセージを送ろう

- Messengerから送信
- 相手の名前入力
- メッセージ送信

友達と連絡を取りたいときは、メッセージの機能が便利です。メニューバーからメッセージ画面を呼び出して、Facebookの画面を見ながらやり取りをすることも可能です。

Messengerでメッセージを送信する

メッセージは、専用のMessenger画面から使うこともできますが、メニューバーから新しくメッセージを立ち上げれば、Facebookの画面を閲覧しながらメッセージのやり取りができます。

メッセージのやり取りが行えます。

1 Messengerを表示します

を

クリックします。

2 新しいメッセージを立ち上げます

を

クリックします。

次へ

3 新規メッセージ画面が表示されます

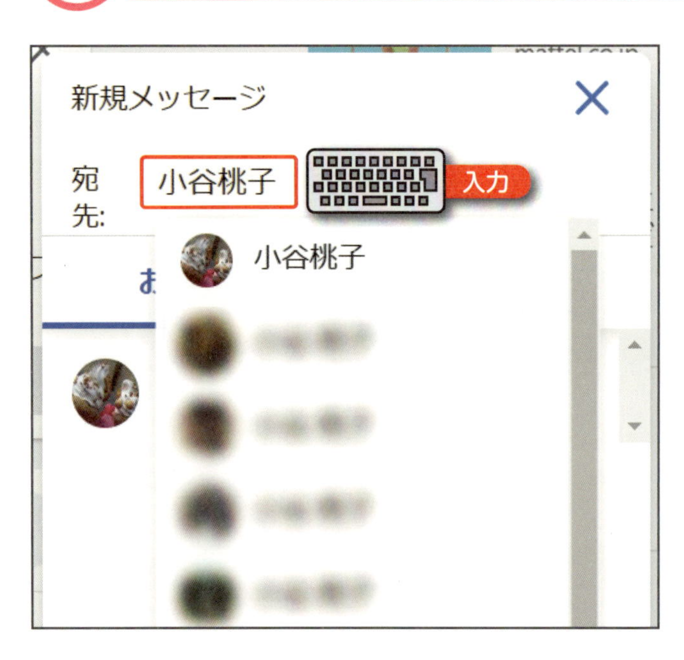

新規メッセージ の画面が表示されます。「宛先」欄にメッセージを送る相手の名前を**入力**します。

4 相手の名前を確定します

候補が表示されるので、メッセージを送る相手を**クリック**して確定します。

5 メッセージを入力します

メッセージの入力欄を**クリック**して
メッセージを**入力**します。

メッセージでは画像やスタンプ、「いいね！」なども送ることができます。

6 メッセージを送ります

キーボードの[Enter]キーを押すと、相手にメッセージが送信されます。

終わり

コラム 「Messenger」画面からメッセージを送る

ここでは、メッセージを「Messenger」画面から送信する方法を紹介します。小さい画面から投稿する場合と違って画面が大きく表示されるので、内容がよりわかりやすく便利です。またメッセージの相手を切り替える際も、左側に表示された友達の一覧をクリックして変更できるので、スムーズにやり取りをすることができます。

1

メニューバーの  を

クリック し、

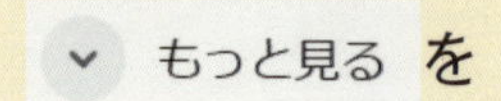 を

クリック します。

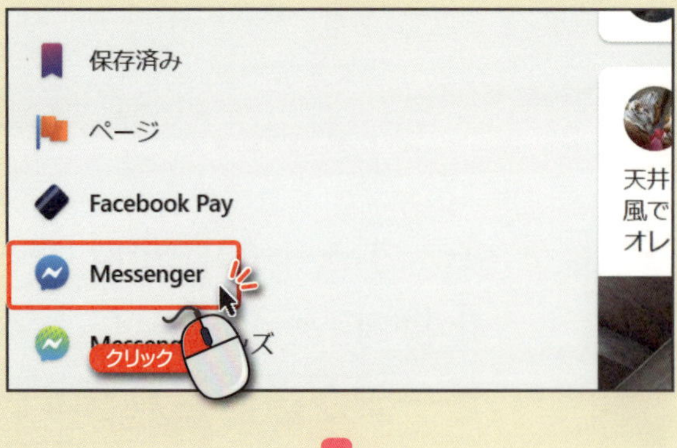

2

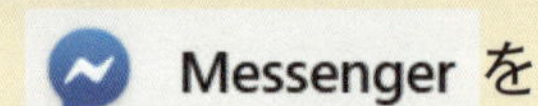 を

クリック します。

3

「Messenger」画面が大きく表示されます。左に表示されている友達の中からメッセージを送信したい相手を**クリック**し、

入力欄にメッセージを**入力**して、キーボードの Enter キーを押すと、メッセージを送信できます。

投稿編

近況や写真を投稿しよう

この章でできること

- 文章を投稿する
- 写真を付けて投稿する
- 場所の情報を付けて投稿する
- コメントに返信する
- 投稿の削除・編集をする

投稿編

Section 01

この章で行うこと

- 投稿
- 場所の情報
- 投稿編集

ここでは、実際にFacebookに投稿する方法を紹介します。文章のみの投稿と写真を付けた投稿、さらに、投稿を間違えた場合の修正方法を知りましょう。

1 投稿・返信する

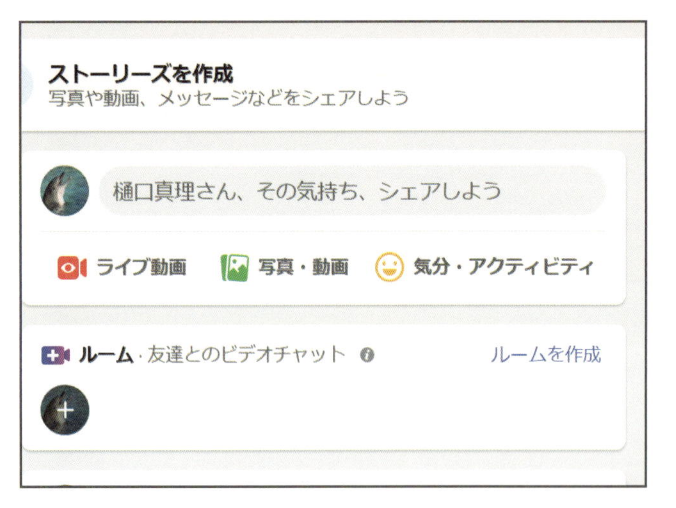

投稿欄、コメント欄に文章を入力し、投稿してみましょう。

2 写真を付けて投稿する

東京の小石川後楽園というところに行ってきました。都会の中の自然という感じで、とても魅力的な空間でした。江戸時代初期に作られた日本庭園らしく、歴史も古いそうです。ひっそりとしていて、とても穏やかな時間が流れていました。

写真を付けて投稿することもできます。

3 投稿した場所の情報を付け加える

投稿した場所の情報を付け加えると、その場所の情報を友達と共有することができます。

4 間違えた投稿を編集する

投稿した内容に誤字があるなど、間違いを見つけたら、編集して直すことができます。

終わり

投稿編

Section 02

まずは投稿してみよう

- 文章投稿
- 気分・アクティビティ
- 短文投稿

Facebookは自分で投稿することから始まります。ここでは近況を投稿することから始めてみましょう。文章のほかにも、気分や、そのときの行動を投稿することができます。

文章の投稿について

Facebookの基本である、文章の投稿を行います。そのときの気分や行動を付けて投稿することもできます。

① 入力欄をクリックします

Facebookにログインすると、投稿の入力欄がいちばん上に表示されています。
入力欄を
クリック します。

② 文章を入力します

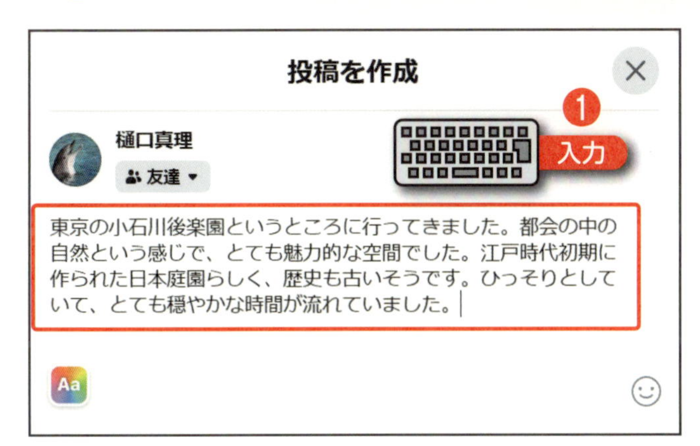

投稿したい文章を
入力 します。
投稿を公開する範囲を選んで
クリック します。
基本の公開範囲は「友達」になっています。

投稿文の文字数が全角で85文字以内になると、投稿したときの文字が大きくなります。

3 今の気分やアクティビティを選択します

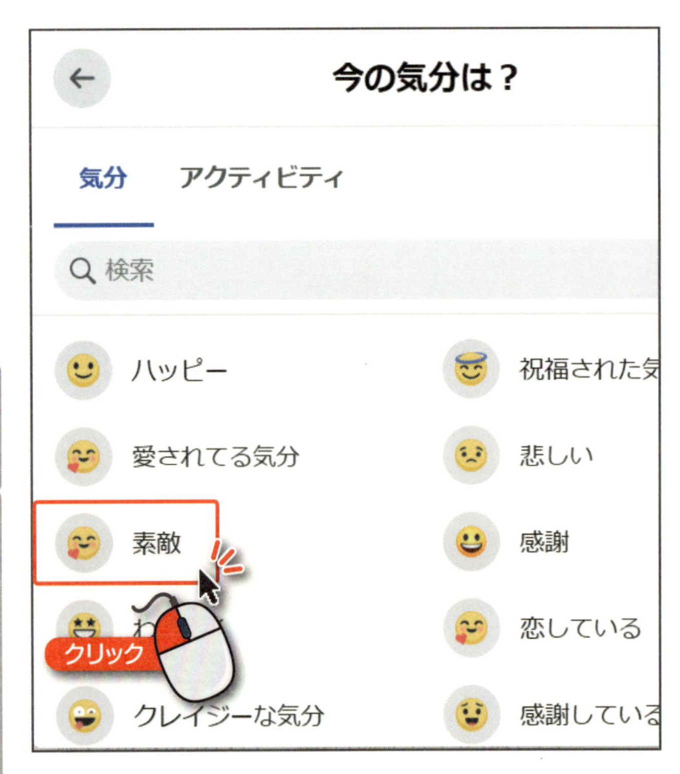

気分を選択するには  をクリックし、今の気分をクリック  します。

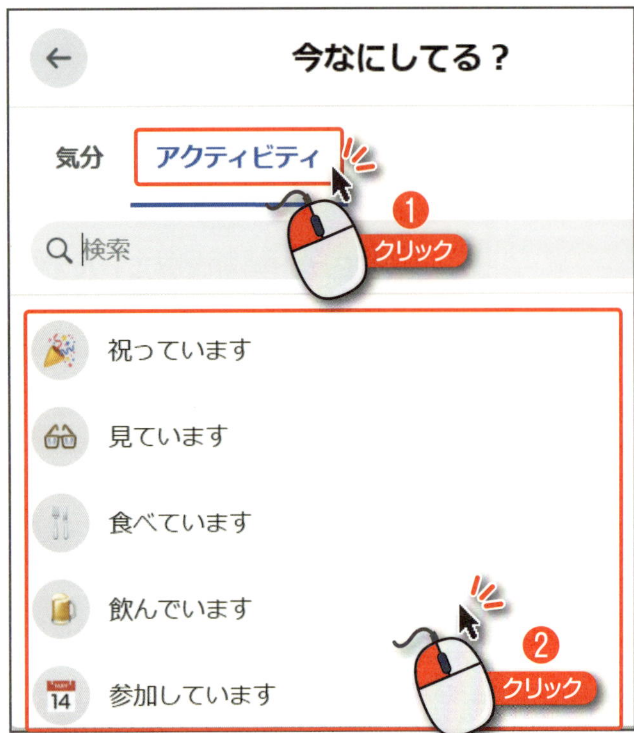

アクティビティを選択するには アクティビティ をクリック  し、さまざまな今の行動をクリック  します。

ポイント

「気分」「アクティビティ」は、どちらかひとつを選択することができます。

4 投稿します

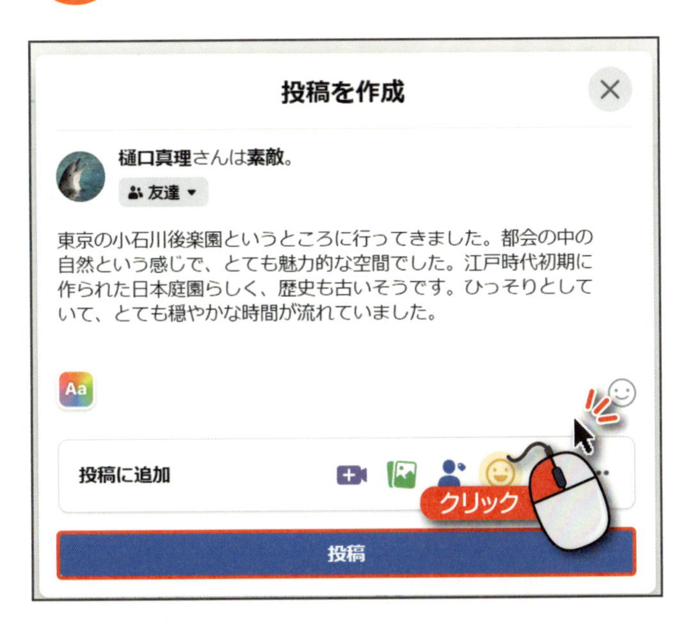

を

クリックします。

5 投稿が完了します

投稿が完了し、投稿した内容が画面に表示されます。

終わり

投稿編

Section 03

写真を付けて投稿しよう

- 写真を付けて投稿
- 公開範囲選択
- 投稿確認

文章のほかに、撮影した写真を付けて投稿してみましょう。写真を付けて投稿すると、Facebookでのコミュニケーションの幅をより広げることができます。

写真を付けた投稿について

Facebookでは、文章だけでなく写真も同時に投稿できます。写真はあらかじめパソコン内に保存しておいたものから選びましょう。

東京の小石川後楽園というところに行ってきました。都会の中の自然という感じで、とても魅力的な空間でした。江戸時代初期に作られた日本庭園らしく、歴史も古いそうです。ひっそりとしていて、とても穏やかな時間が流れていました。

写真付きの投稿が表示されています。

① 「写真・動画」をクリックします

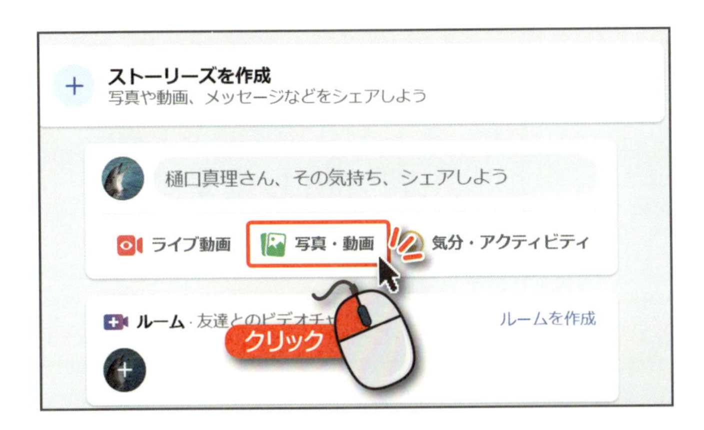

投稿の入力欄の

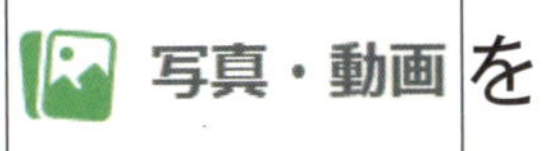
を

クリック します。

② 写真を選択します

パソコン内のフォルダが開くので、投稿したい写真を選んで

クリック し、

を

クリック します。

次へ

③ 文章を入力します

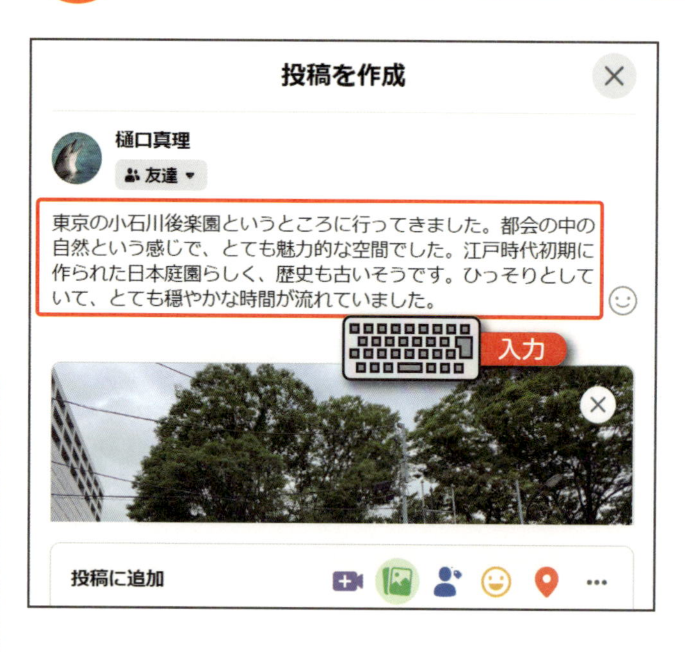

入力欄に
投稿したい文章を
入力します。

④ 公開範囲を確認します

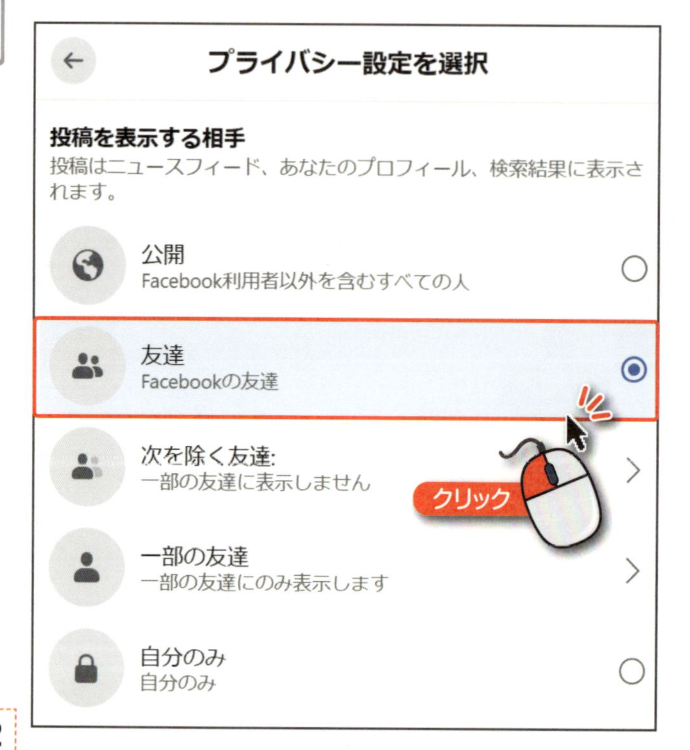

友達  を
クリックし、
公開範囲を選んで
クリックします。

5 投稿します

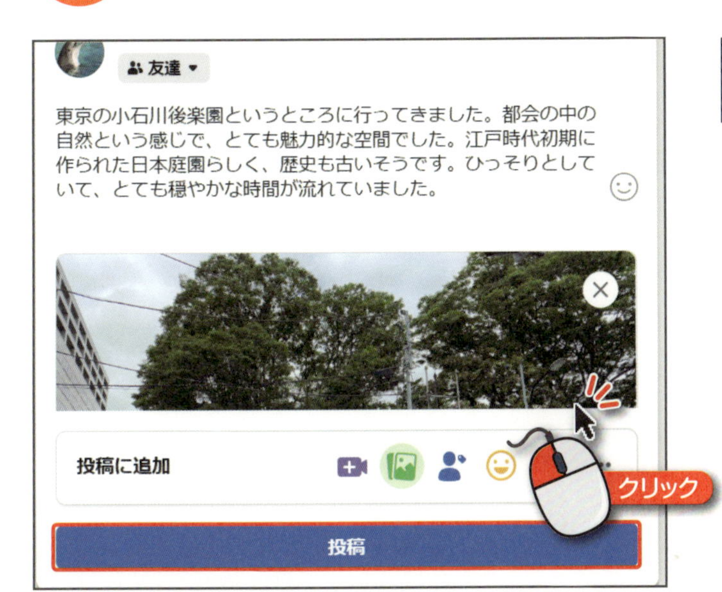

投稿 を

クリック  します。

6 投稿を確認します

写真付きの投稿が表示されます。

終わり

投稿編

Section 04

投稿した場所の情報を付け加えよう

- 投稿場所の情報
- 投稿場所を付けた投稿
- 投稿場所に関する情報

外出や旅行でのできごとを投稿するときは、投稿した場所の情報を付けておくと友達と共有することができます。また、その場所に関するほかの投稿も見ることができます。

第4章 近況や写真を投稿しよう

投稿した場所の情報を追加する

Facebookでは投稿した場所の情報を付け加えることができます。

投稿した場所の情報が付け加えられています。

1 投稿を作成します

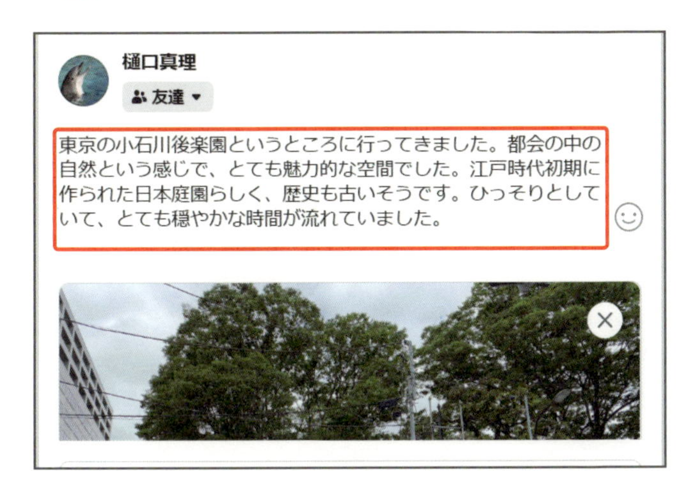

87ページの方法で投稿を作成します。

2 投稿した場所を選択します

を**クリック**します。

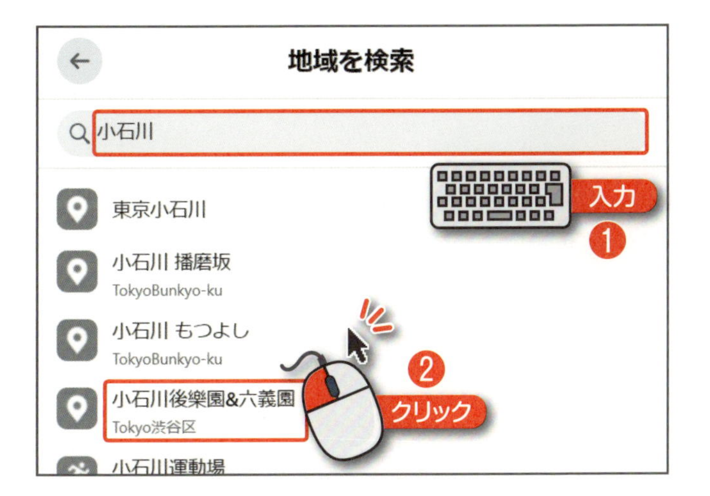

地名や場所を**入力**すると、場所の候補が表示されるので、場所を**クリック**します。

3 投稿した場所の情報が付け加えられます

場所の情報が付け加えられます。

投稿 をクリック  します。

ポイント

場所の名前の始めの文字を入力すると、自動的に候補が表示されます。

4 場所の情報が付け加えられて投稿されます

場所の情報が付け加えられた状態で投稿されます。

5 場所の情報を確認します

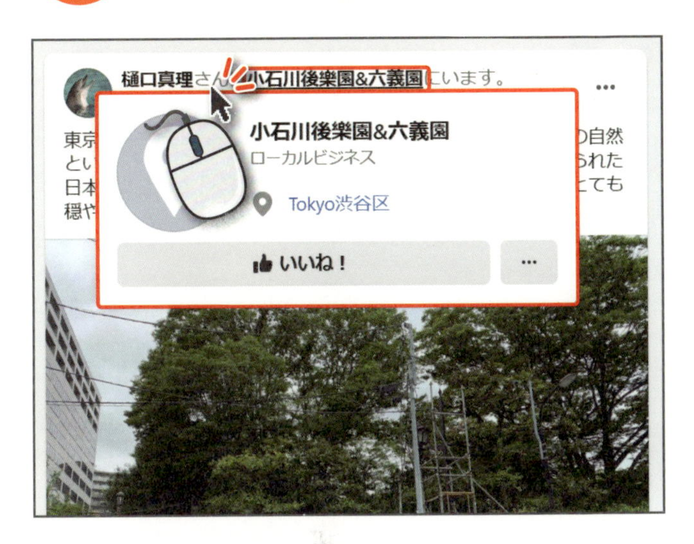

場所の名前にカーソルを合わせると、その場所の詳細が表示されます。

6 場所に関する投稿を見ます

場所の名前をクリックすると、その場所に関する情報の画面に移動します。その場所に関するさまざまなユーザーの投稿を見ることができます。

終わり

友達からもらったコメントに返信しよう

- コメント
- コメントの通知確認
- コメントへの返信

投稿した内容にコメントが付いていたら、返信しておきましょう。返信をすることで、友達とのコミュニケーションをより楽しむことができます。

コメントに返信する

友達からのコメントに返信します。返信は、「返信する」をクリックして行います。

返信するには、「返信する」をクリックします。

1 コメント通知を確認します

にコメントの数が付くので、**クリック** し、通知を**クリック** します。

2 コメントを入力します

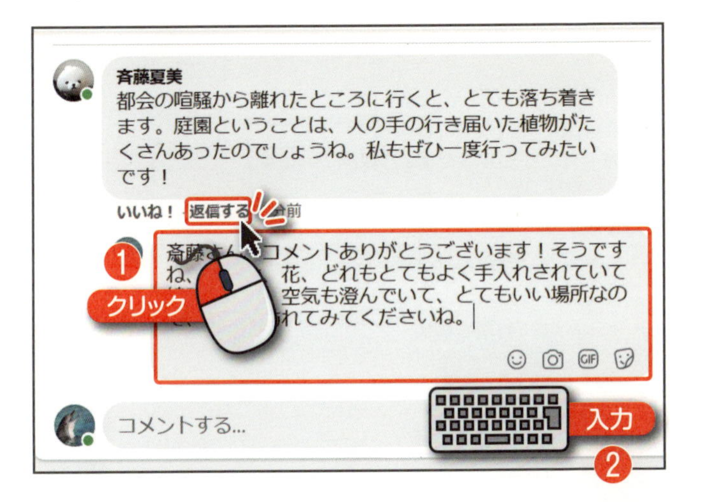

返信する を**クリック** して、コメントへの返信を**入力** し、キーボードの Enter キーを押します。

3 コメントへの返信が表示されます

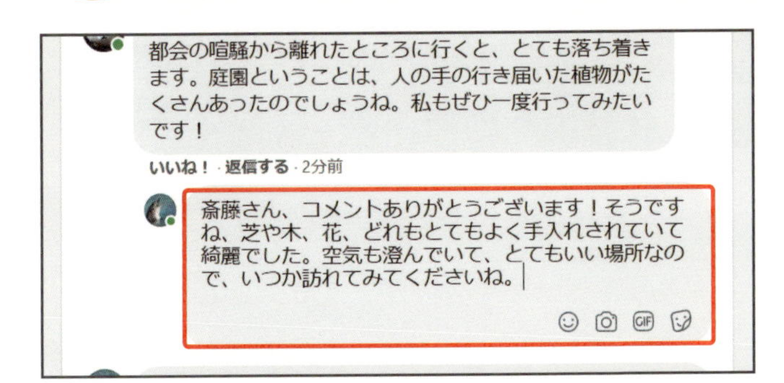

コメントへの返信が表示されます。

終わり

投稿編

Section 06

投稿を削除しよう

- 投稿
- 削除する投稿を選択
- 投稿を削除

Facebookに投稿した内容は、削除することができます。間違って投稿してしまった場合でも、あとから削除できるので安心です。

投稿を削除する

投稿の削除は、投稿画面の右上にあるメニューで「投稿を削除」をクリックして行います。

投稿を削除するには、「投稿を削除」をクリックします。

① 削除したい投稿を表示します

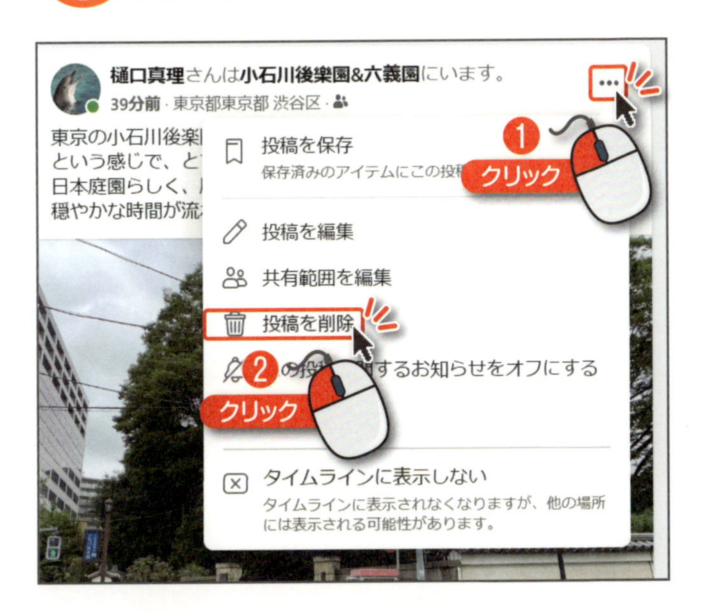

削除したい投稿を表示して、 ・・・ を**クリック**  し、 投稿を削除 を**クリック**  します。

② 投稿を削除します

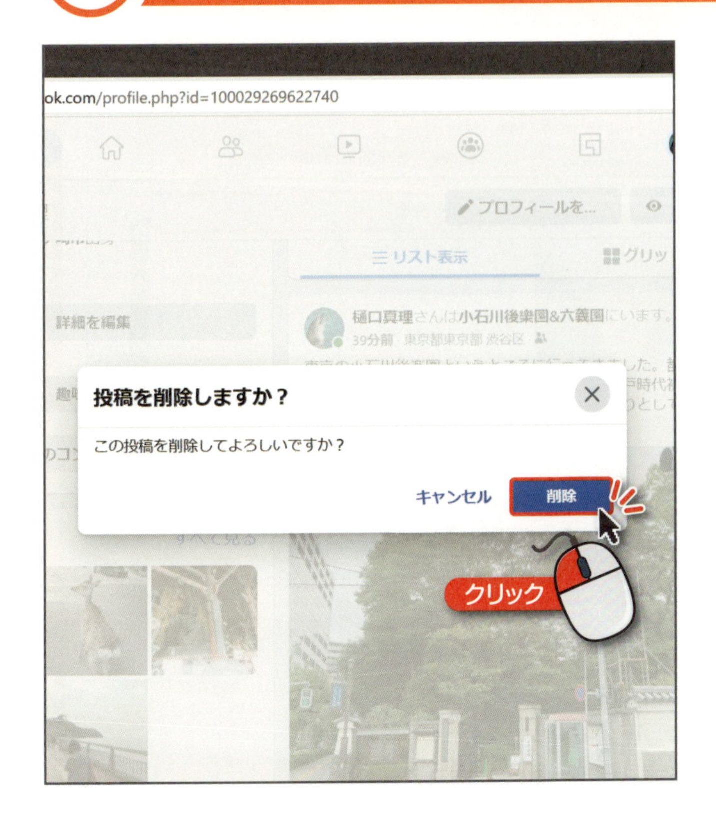

投稿削除に関する注意が表示されるので、 **削除** を**クリック**  すると、投稿の削除が完了します。

ポイント

投稿を削除せずに編集する方法は、次ページから解説します。

終わり

投稿編

Section 07

間違えた投稿を編集しよう

- 投稿を編集
- 写真の削除・追加
- 投稿場所の変更

投稿は、削除するだけでなく、編集を行うこともできます。投稿の編集では、写真の削除や追加、投稿した場所の変更などを行うことができます。

投稿を編集する

投稿した内容に誤字や脱字を見つけたとき、新たに文章や写真を付け加えたいときは、投稿したあとに編集することが可能です。

投稿を編集するには、「投稿を編集」をクリックします。

1 編集したい投稿を選択します

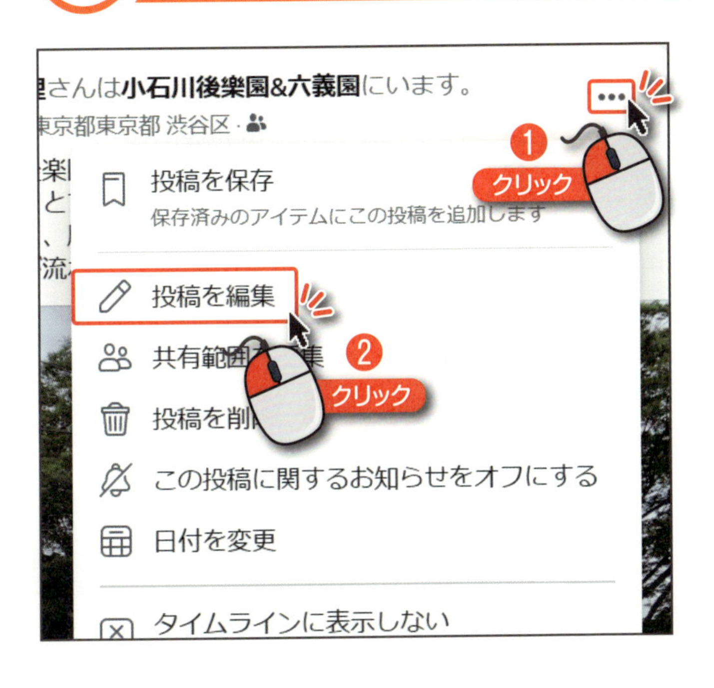

編集したい投稿の 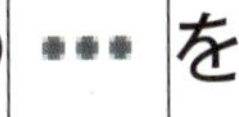 を

クリック  し、

 投稿を編集 を

クリック  します。

2 写真の追加や削除を行います

画像の追加は

を

クリック  します。

画像の削除は、画像の右上に表示された  を

クリック します。

次へ

③ 投稿した場所の変更を行います

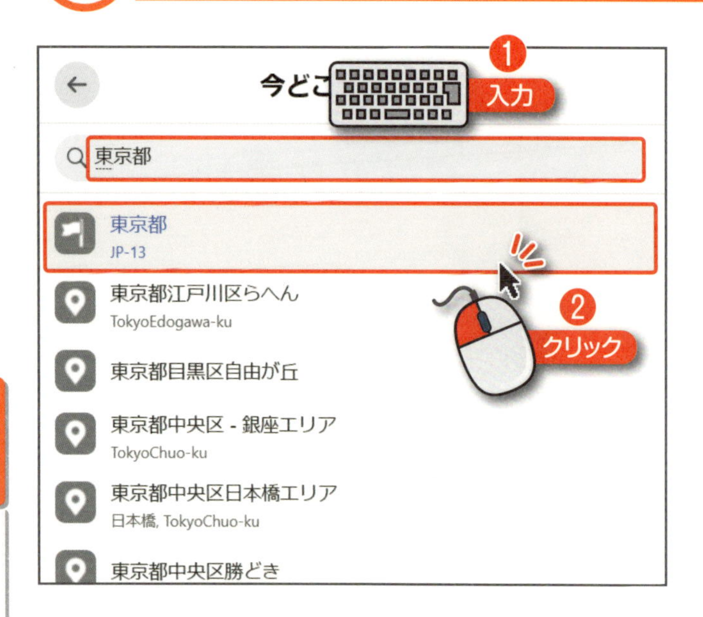

場所の名前をクリックし、変更する情報を**入力**します。
場所の候補が表示されるので、選択して**クリック**します。

④ 編集した内容を保存します

編集が終わったら **保存** を**クリック**  します。

編集内容が反映された投稿が表示されます。文章だけの投稿に場所の情報を付け加えると、地図が表示されます。

終わり

ステップアップ編

もっと Facebookを 楽しもう

この章でできること

- 誕生日のメッセージを送る
- 投稿をシェア（共有）する
- 写真アルバムを作成する
- ライフイベントを登録する
- Facebook上のグループに参加する

ステップアップ編

Section 01

この章で行うこと

- 投稿をシェア（共有）
- アルバム作成
- グループに参加

Facebookでは投稿をシェア（共有）したり、友達の誕生日などのライフイベントをいっしょにお祝いしたりと、いろいろな楽しみ方があります。

1 友達の誕生日にメッセージを送る

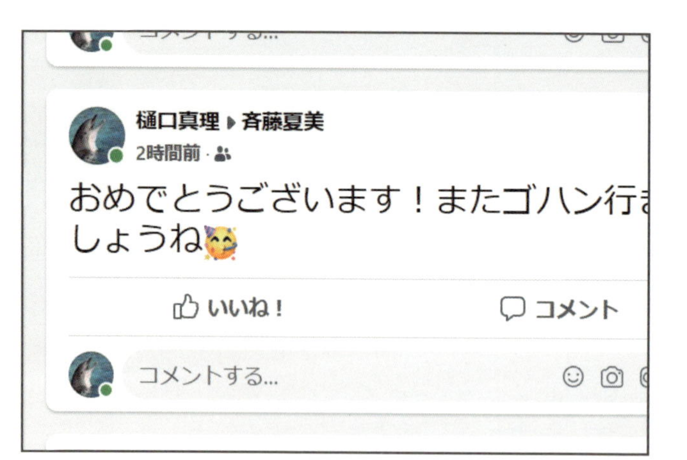

友達の誕生日に、コメントやメッセージを送ることができます。

2 おもしろい投稿をシェア（共有）する

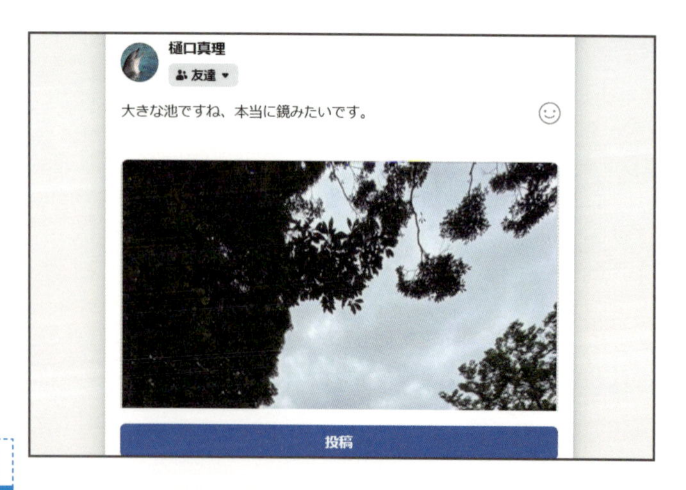

おもしろいと思う投稿を、友達とシェア（共有）しましょう。

③ 写真アルバムを作成する

投稿した写真は、アルバムとして整理することができます。

④ Facebook上のグループに参加する

Facebook上で情報共有できるグループに参加しましょう。

終わり

Facebookに届くお知らせを確認しよう

- 通知
- 通知確認
- 通知設定

Facebookでは、自分の投稿にアクションがあったときや、友達の投稿、誕生日などに通知が届きます。通知に関する設定は変更することができます。

通知について

自分の投稿に「いいね！」やコメントが付いたときなどに、ホーム画面の右上にあるベルのアイコンにお知らせの数が表示されます。通知のオンオフは自分で設定することができます。

① 通知があることを確認します

投稿に反応があると、右上のにお知らせの数が通知されるので、**クリック**します。

② 友達からの通知の内容を確認します

通知の内容が表示されます。

ポイント

友達からコメントや返信が付いたときもここに表示されます。

次へ

③ 通知をすべて既読にします

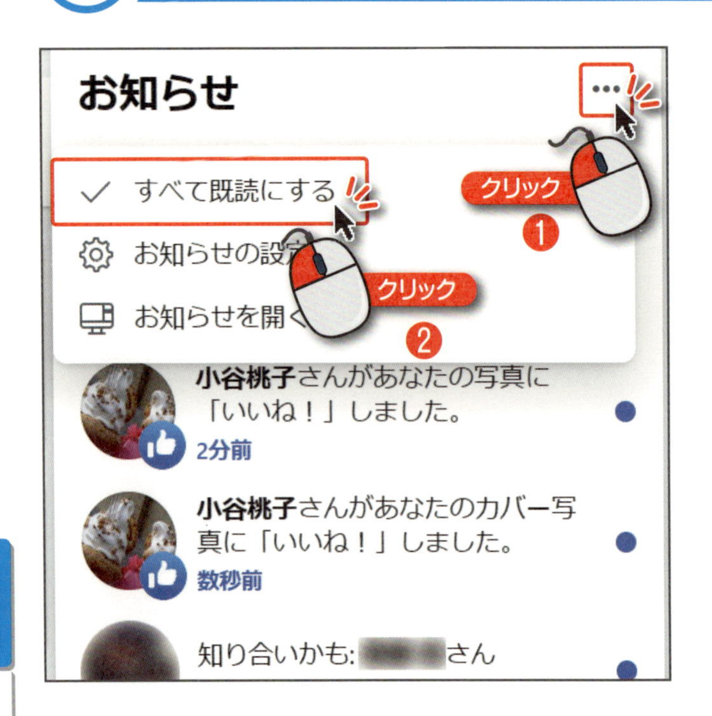

確認していない通知はお知らせの欄で青く表示されます。

の順にクリック  すると、通知をすべて確認した状態にできます。

④ 既読になったことを確認します

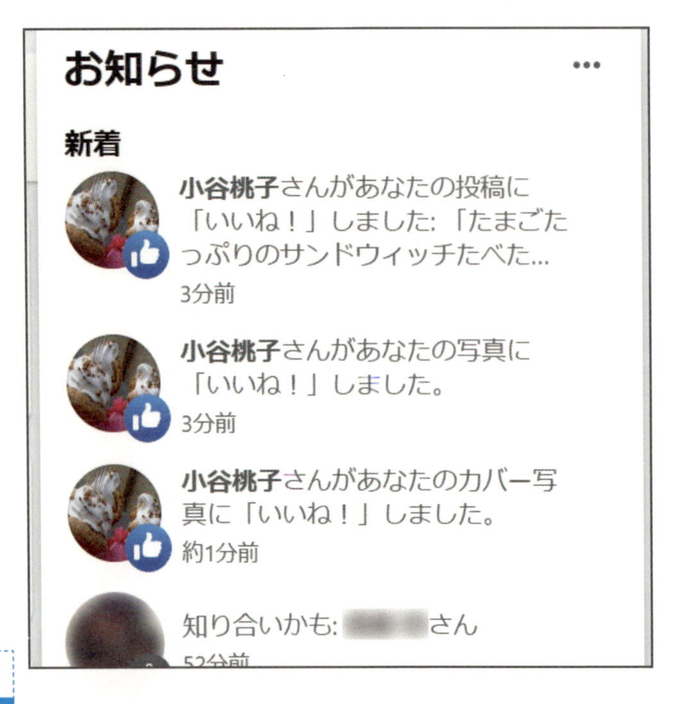

既読になると、お知らせの欄がすべて白くなります。

5 お知らせの通知設定を変更します

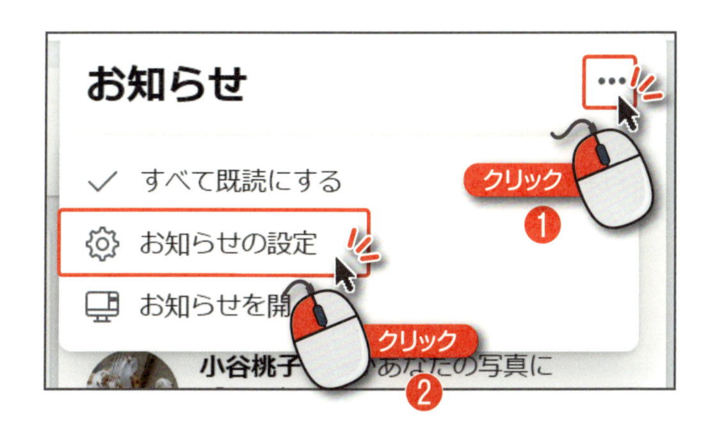

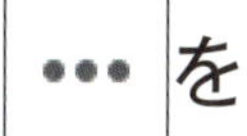を

クリックして、

お知らせの設定 を

クリック します。

6 通知をオフにします

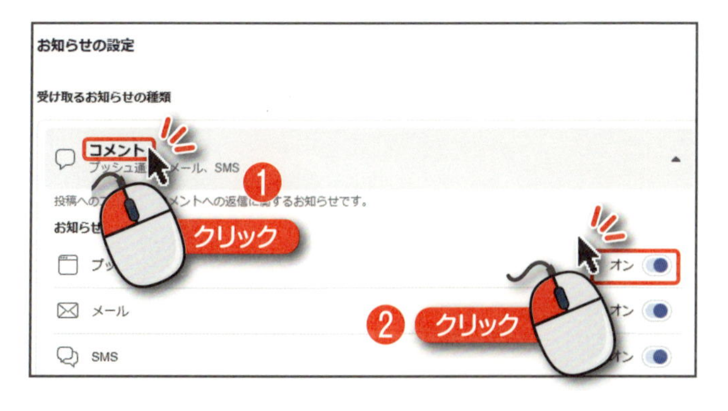

お知らせの設定
受け取るお知らせの種類
コメント
アプリ内のみ
投稿へのコメントやコメントへの返信に関するお知らせです。
お知らせの受け取り方法
プッシュ通知 オフ
メール オフ
SMS オフ

お知らせの設定画面が表示されます。
各項目をクリックして設定することができます。

ここでは、コメントを

クリックします。

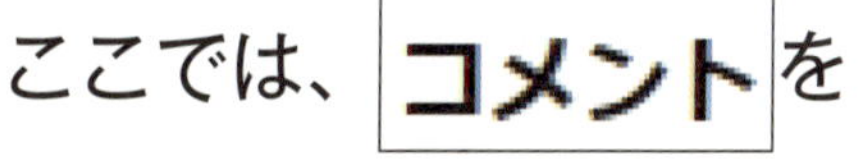を

クリックすると、

通知をオフにできます。

終わり

ステップアップ編

Section 03

- 誕生日
- 通知
- メッセージ

友達の誕生日にメッセージを送ろう

友達が誕生日のときは、タイムラインなどに誕生日であることが通知されます。友達に誕生日のメッセージを送り、お祝いしましょう。

友達の誕生日にメッセージを送る

友達が誕生日を登録していると、その日に友達が誕生日であることが通知されます。お祝いのコメントを投稿しましょう。

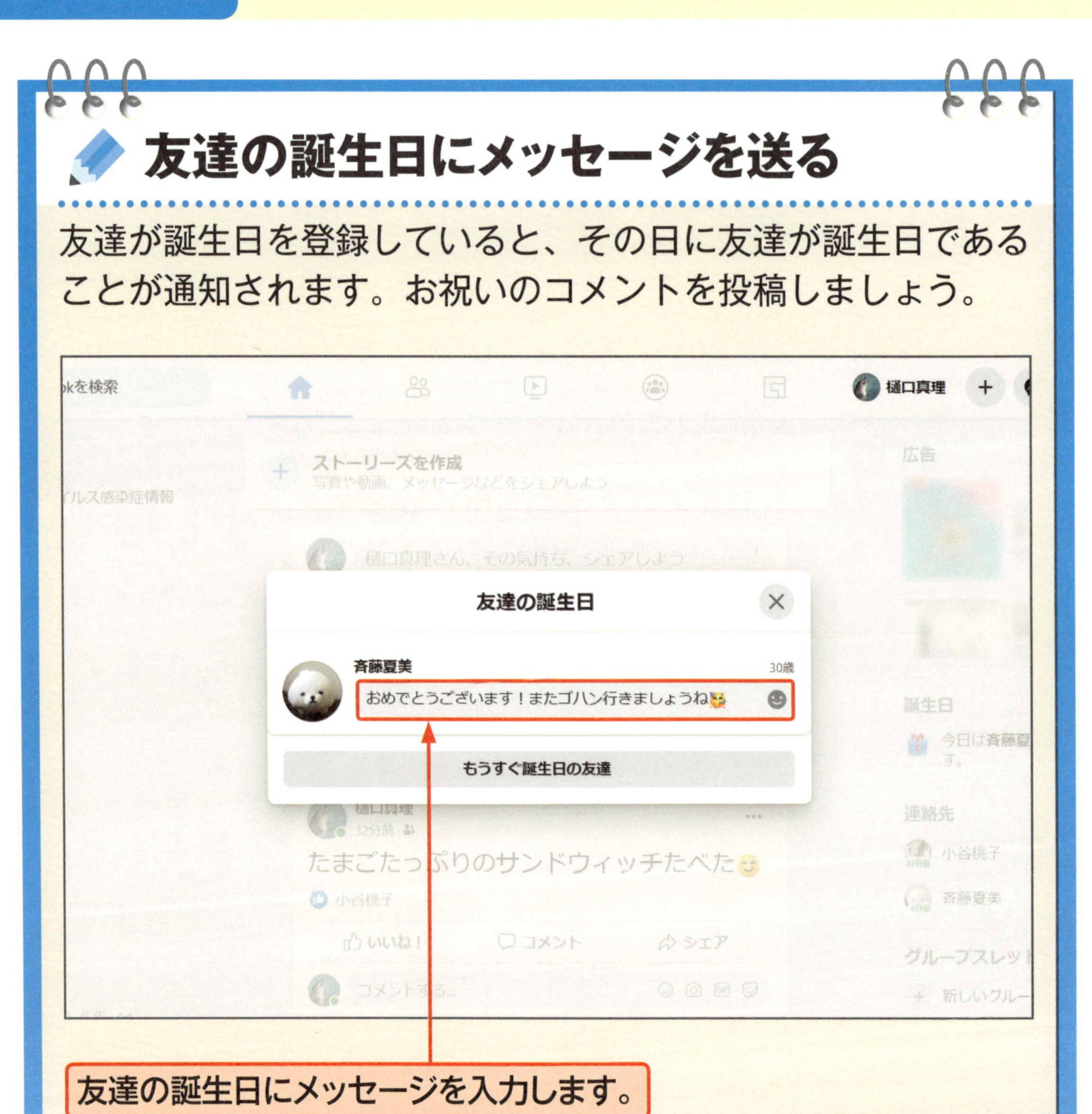

友達の誕生日にメッセージを入力します。

1 友達の誕生日の通知を確認します

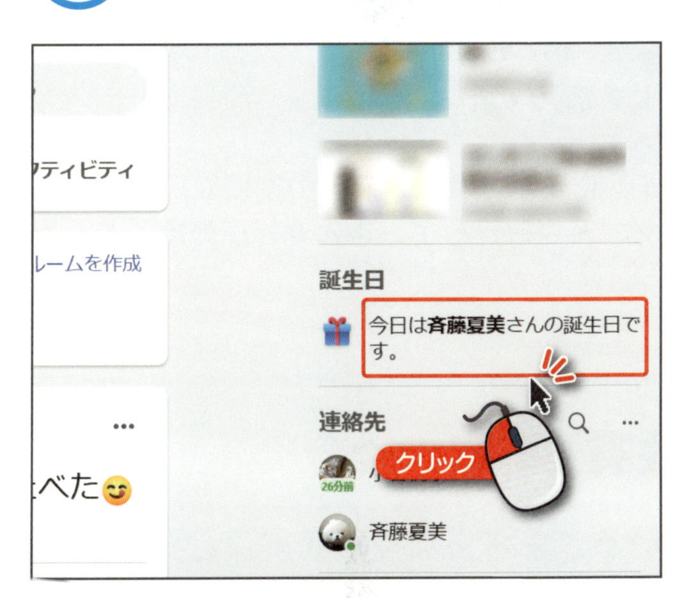

ログイン後、誕生日の友達がいると画面右側に通知が届きます。
友達の名前を
クリック します。

2 お祝いメッセージを入力します

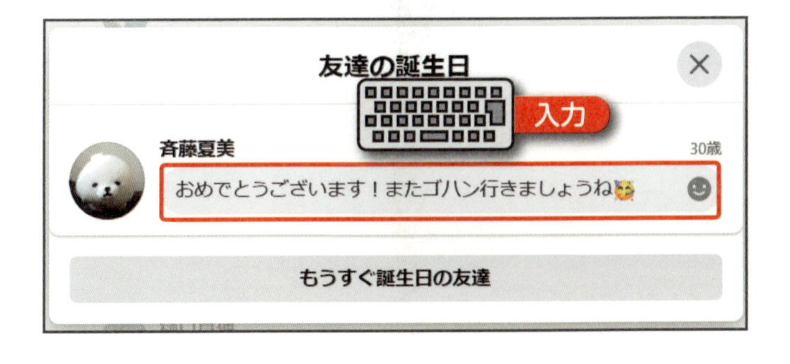

メッセージの入力画面が表示されるので、
メッセージを
入力 し、Enter
キーを押します。

絵文字を追加したいときは をクリックします。

終わり

ステップアップ編

Section 04

面白い投稿をシェアしよう

- 投稿
- タイムライン
- 投稿をシェア（共有）

自分のタイムラインに表示された、友達の投稿やFacebookページの投稿をシェア（共有）して、みんなに広めることができます。

投稿をシェア（共有）する

タイムラインに表示されているさまざまな投稿を友達とシェア（共有）することができます。

「シェアする（友達）」をクリックして、投稿を共有します。

1 投稿をシェアします

シェアしたい投稿を見つけたら

シェア を

クリック  し、

シェアする(友達) を

クリック  します。

2 シェアが完了します

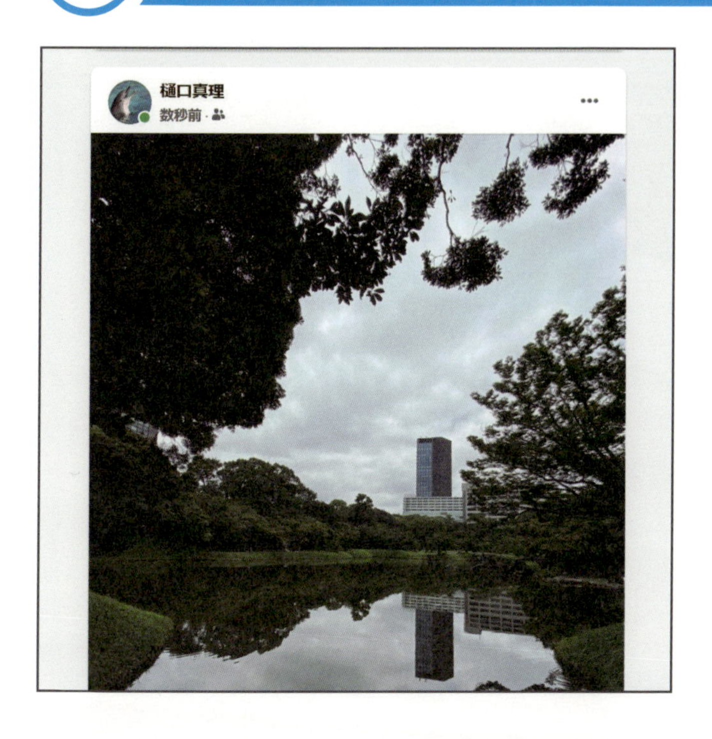

シェアが完了すると、「タイムラインでシェアされました。」と表示されます。投稿には、自分がシェアした投稿が表示されています。

終わり

ステップアップ編

Section 05

投稿にコメントを添えてシェアしよう

- 投稿
- コメント
- コメントを添えてシェア

投稿をシェアするとき、投稿をそのままシェアすることも可能ですが、自分なりのコメントを添えてシェアすると、より興味を持ってもらいやすくなります。

コメントを添えて投稿をシェアする

友達の投稿をシェアするときに、自分なりのコメントを添えてシェアします。

コメントを添えてシェアします。

1 投稿にコメントを添えてシェアします

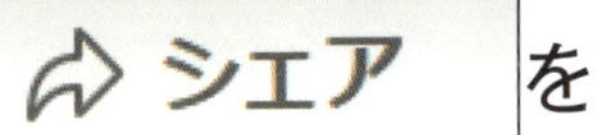

をクリックして、

投稿を作成 をクリックします。

2 コメントを入力します

入力画面が表示されるので、シェアする投稿に付けたい文章を入力します。

3 コメントを添えた投稿のシェアが完了します

公開範囲を確認し、投稿 をクリックすると、コメントを添えた投稿のシェアが完了します。

終わり

写真アルバムを作成しよう

- 写真
- アルバム作成
- アルバム編集

Facebookには投稿した写真をまとめる「アルバム」機能があります。アルバムを作成して、投稿した写真の記録と整理を行いましょう。

写真アルバムについて

「アルバム」とは、Facebookに投稿した写真を整理し、分類して表示する機能のことです。

アルバムを作成するには、「アルバムを作成」をクリックします。

1 自分の写真を確認します

自分のアカウント画面で
写真 を
クリック し、
アルバム を
クリック すると、
これまでに投稿した写真
が詳しく表示されます。

2 アルバムを作成します

写真を確認したら、
アルバムを作成 を
クリック  します。

次へ

③ 写真または動画をアップロードします

「アルバムを作成」画面が表示されます。

写真または動画をアップロード

を**クリック**  します。

④ 画像を選択します

パソコンのフォルダから、アルバムに追加したい画像を選んで

クリック  し、

開く(O) を

クリック  します。

5 アルバムのタイトルを入力します

「アルバム名」欄にアルバムのタイトルを

入力 します。

「説明」欄に写真の説明を任意で入力することもできます。

6 公開範囲を確認します

アルバムの公開範囲は通常「友達」になっています。

変更する場合は、

 を

クリック します。

次へ

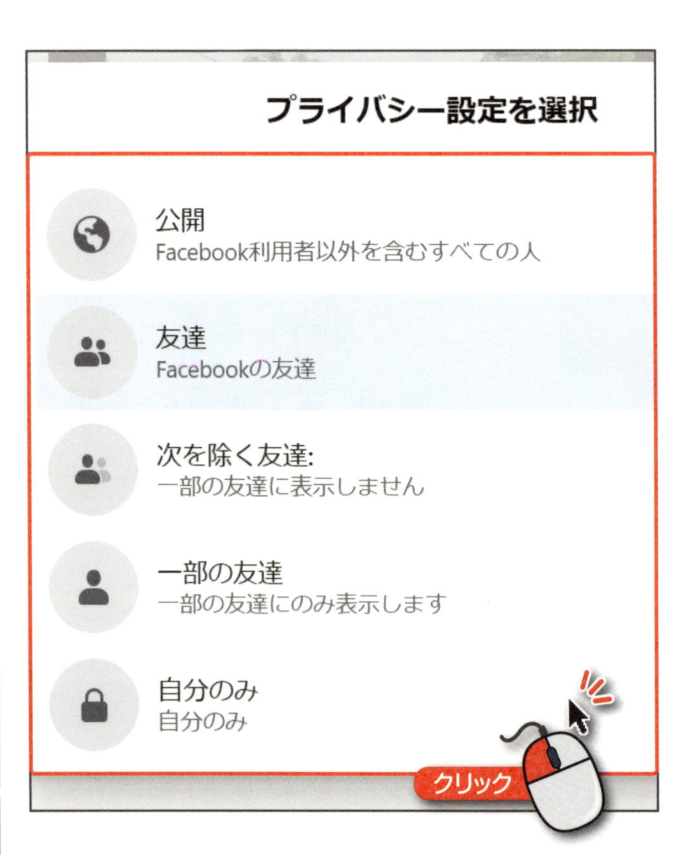

公開範囲を全体にしたい場合は「公開」、一部の友達にしたい場合は「次を除く友達」をクリックします。

7 写真を投稿します

投稿 をクリックします。

8 アルバムが作成されます

アルバムが作成されます。

ポイント

次の画像を追加したい場合は「写真／動画を追加」をクリックします。

9 アルバムを編集します

アルバムを編集 を

クリック  します。

修正したい箇所の修正を行い、 保存 を

クリック  すると、アルバムの編集が完了します。

終わり

ステップアップ編

Section 07

アルバムの写真の順序を入れ替えよう

- アルバム
- アルバム表示
- アルバム入れ替え

アルバム内に並んだ画像を見やすくしたいときや、自分の思いどおりに並べたいときは、かんたんな操作で並べ替えをすることができます。

アルバムの順序入れ替えについて

アルバムを作成し、画像や動画の順序を並べ替えたいときは、アルバムの編集で操作することができます。

アルバムを編集
友達
アルバム名
小石川後楽園
説明(任意)
寄稿者を追加
寄稿者として追加された友達は、自分の写真やテキスト投稿などを追加できるようになります。
写真または動画をアップロード
アルバムを削除
保存
説明(任意)
説明(任意)

写真の順序を入れ替えるには、写真をドラッグ（クリックしたまま移動）します。

① アルバムを表示します

自分のアカウント画面で 写真 → アルバム の順に**クリック**  し、整理したいアルバムを**クリック**  します。

② 写真をドラッグします

アルバムを編集 をクリックし、順序を入れ替えたい写真を**ドラッグ**すると、写真の順序が入れ替わります。

保存 をクリックすると、写真の入れ替えが完了します。

終わり

ステップアップ編

Section 08

自分のライフイベントを登録しよう

- ライフイベント
- ライフイベントの種類
- ライフイベント登録

Facebookでは学校への入学・卒業を始めとする自分のライフイベントを登録することができます。登録しておくと自分の備忘録にもなり、便利です。

ライフイベントについて

ライフイベントには、自分のこれまでの出来事を登録することができます。項目は、大きく分けて11個あります。

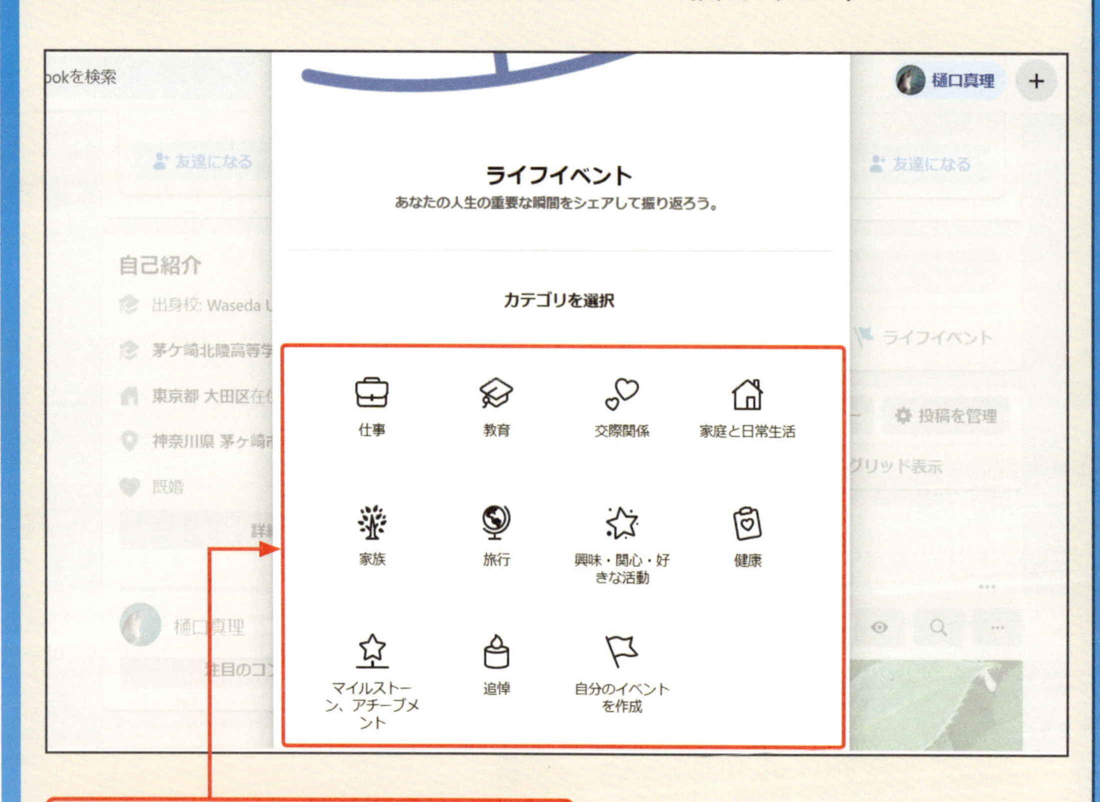

「ライフイベント」の主な項目です。

1 ライフイベントを登録します

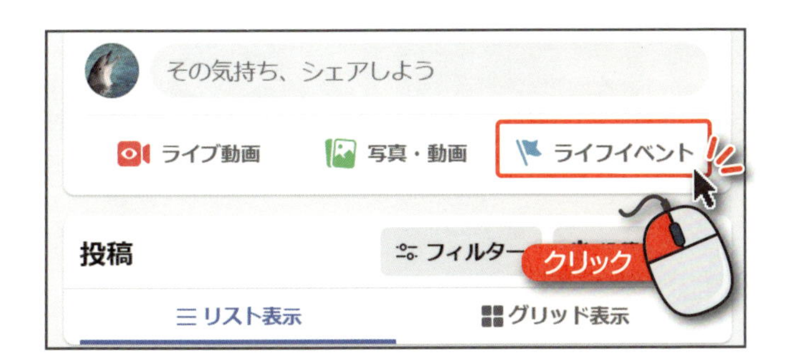

自分のアカウント画面を表示し、投稿欄の  をクリックします。

2 ライフイベントの種類を選択します

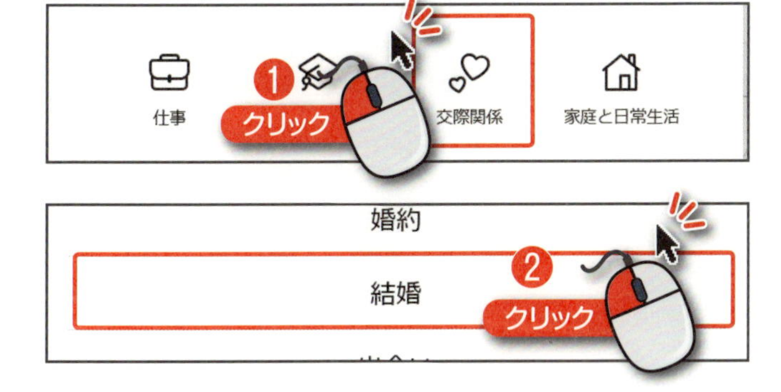

ライフイベントのカテゴリをクリックし、表示される選択肢をクリックします。

3 ライフイベントを入力して登録を完了します

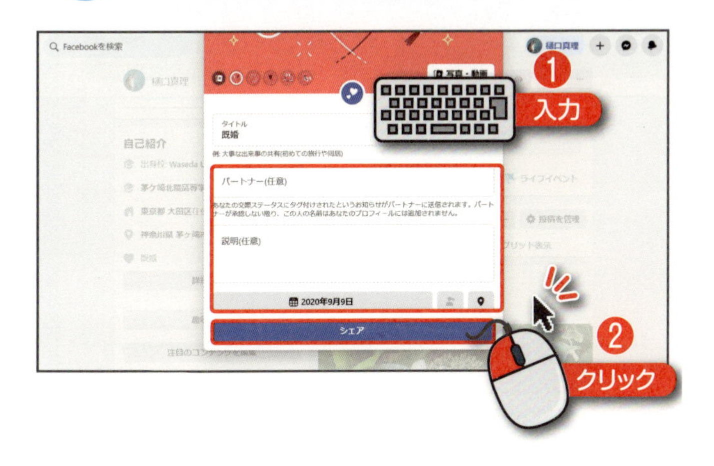

ライフイベントを入力します。公開範囲を変更し、をクリックすると、登録が完了します。

終わり

ステップアップ編

Section 09

Facebook上のグループに参加しよう

- グループ
- グループを検索
- グループに参加

Facebookには特定の趣味や共通点がある人などが集まり、情報交換ができる「グループ」機能があります。自分が興味のあるグループに参加して、交流の幅を広げましょう。

グループについて

グループはFacebook上の友達に限らず、特定のメンバーによる集まりを作ることができる機能です。自分の趣味や共通点のあるグループを見つけて参加してみましょう。

グループに参加するには、「グループに参加」をクリックします。

① グループを検索します

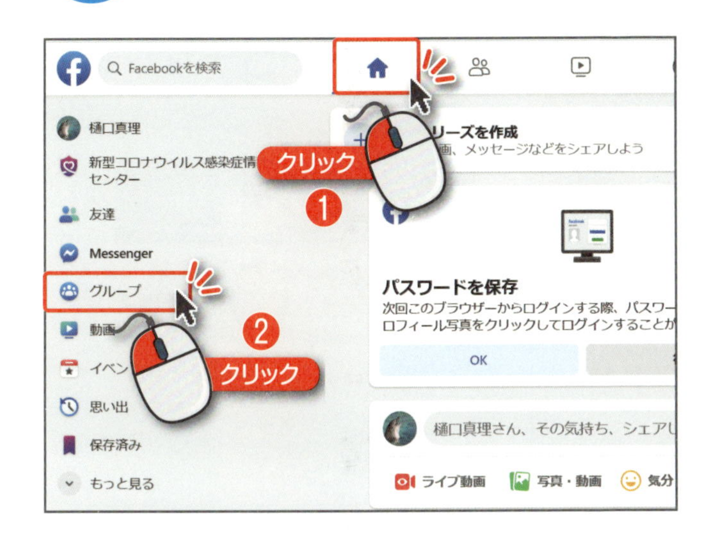

メニューバーにある

を

クリック  し、

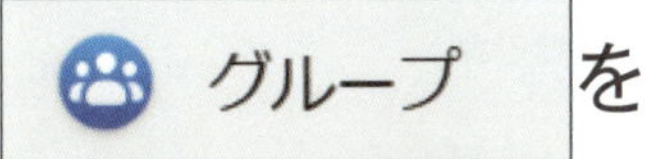を

クリック します。

② 興味・関心からグループを探して参加します

おすすめのグループが表示されます。

他のグループを見る を

クリック すると、

カテゴリ別にグループが表示されます。興味のあるグループを見つけたら、グループ名を

クリック して内容を確認しましょう。

次へ

③ グループに参加リクエストを送ります

グループのページが表示されたら、

グループに参加 を

クリック  します。

リクエストをキャン...

と表示されます。

ポイント

グループによっては、メンバーにならないと、そのグループの投稿を見ることができないものもあります。また、検索では表示されないようにしているグループもあります。

④ 参加リクエストの承認を確認します

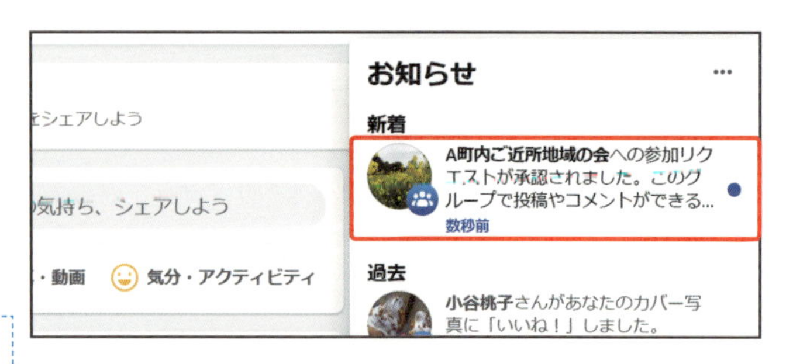

グループへの参加リクエストが承認されると、お知らせが通知されます。

終わり

Q&A編

Facebookの困った!解決Q&A

この章でできること

- 名前を変更する
- 過去の投稿の公開範囲を変更する
- スマートフォンから投稿する
- パスワードを変更する
- Facebookを退会する

Question 01

自分の名前を間違えて登録してしまった!

- 名前
- 名前編集
- 名前変更

自分の名前は、「編集」から修正することができます。ただし、一度名前を編集してから60日間は名前の編集ができなくなるので、注意しましょう。

名前の編集を行う

名前を間違えて登録していたときなどは、編集を行います。

名前の変更は、「編集」をクリックして行います。

1 名前を編集します

メニューバーの →

設定とプライバシー の順に

クリック します。

設定 を

クリック します。

2 編集画面を表示します

「名前」表示の右側にある

編集 を

クリック します。

3 正しい名前を入力します

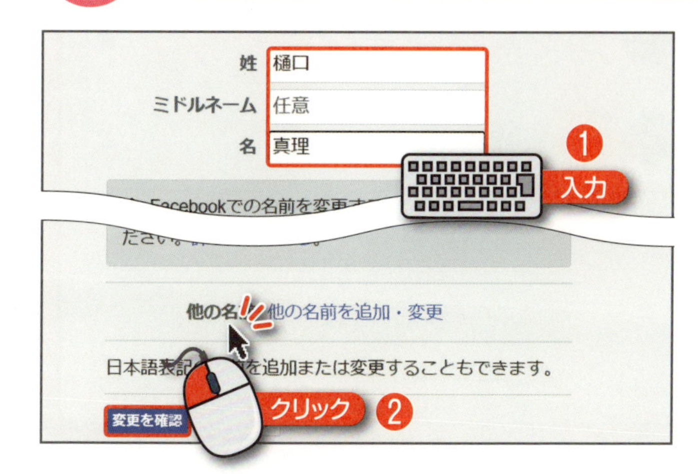

正しい名前を**入力**し、

変更を確認 → 変更を保存

の順に

クリック します。

終わり

Q&A編

Question 02

友達の名前で探しても見つからない!

- 検索
- 検索方法
- 検索方法変更

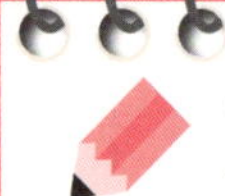

A 漢字のほかにアルファベットやひらがなで検索したり、住所や学校・会社名で検索したりすると、見つかる可能性があります。

友達の検索について

友達の名前で検索しても本人らしいアカウントが表示されない場合は、検索の方法を変えてみましょう。

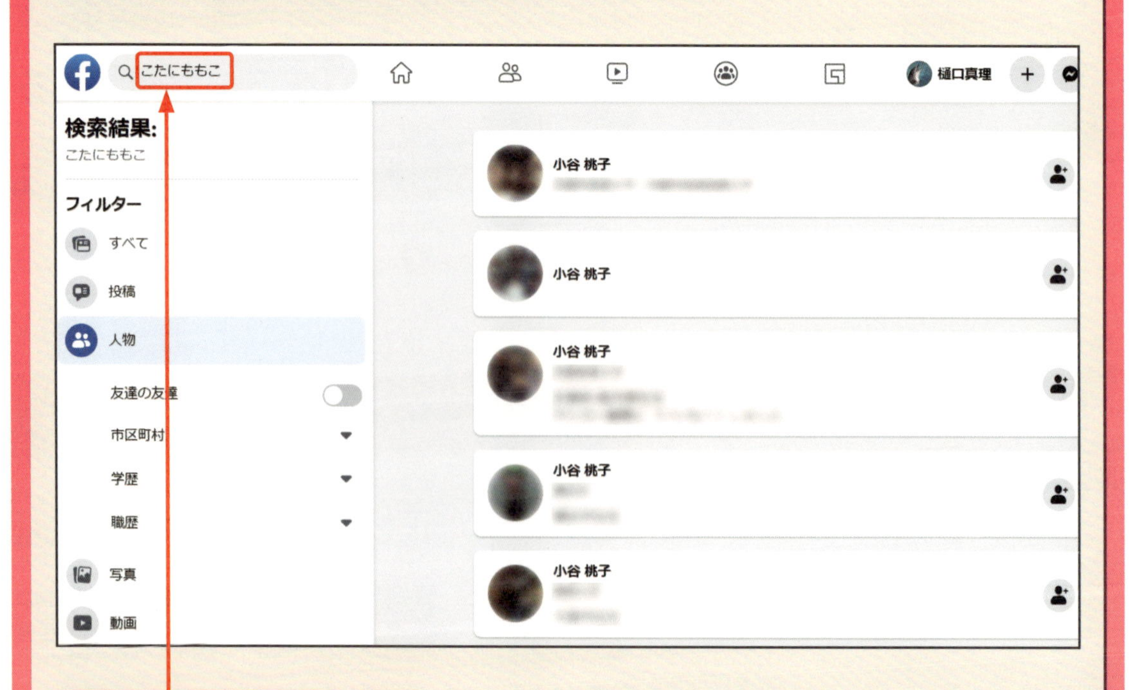

検索の方法を変更してみましょう。

1 名前の検索方法を変更してみましょう

漢字のほかに、アルファベットやひらがなで**入力**すると、検索結果に違いが出てきます。

2 住所や学校、会社名で検索してみましょう

友達の住所や卒業した学校、勤務先などのキーワードを**入力**すると、見つかることがあります。

終わり

Q&A編

Question 03

過去の投稿の公開範囲を変更したい！

- 過去の投稿
- 公開範囲
- 公開範囲変更

A 過去の投稿の公開範囲を全体にしたい、もしくは特定の人だけにしたいといった場合、あとから変更することができます。

公開範囲を変更する

過去の投稿の公開範囲を友達だけでなく全体にしたい、あるいは自分のみに変更したいなどの場合は、該当の投稿に対して公開範囲を変えることができます。

公開範囲を変更するには、投稿欄にあるメニューをクリックします。

1 公開範囲を変更します

投稿欄に表示されている

を

クリック  します。

2 公開範囲を選択します

公開範囲のメニューが表示されるので、公開範囲を選択して、

クリック  します。

3 公開範囲が変更されます

投稿範囲を変更しました。ここでは「自分のみ」を選択したため、

が

表示されています。

終わり

Q&A編

Question 04

スマートフォンから投稿したい!

- 「Facebook」アプリ
- スマートフォン
- スマートフォンから投稿

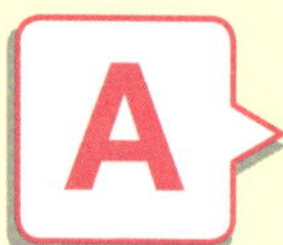

スマートフォンから投稿するには、「Facebook」アプリが便利です。テキストでの投稿をはじめ、画像、動画も撮ってすぐに投稿することができます。

「Facebook」アプリについて

スマートフォンでもインターネットでFacebookを利用することができますが、専用アプリを使うとより便利に活用できます。ここではiPhoneの画面を使用して説明します。

Facebookアプリを検索、インストールします。

メールアドレスとパスワードを入力し、「ログイン」をタップします。

1 投稿欄をタップします

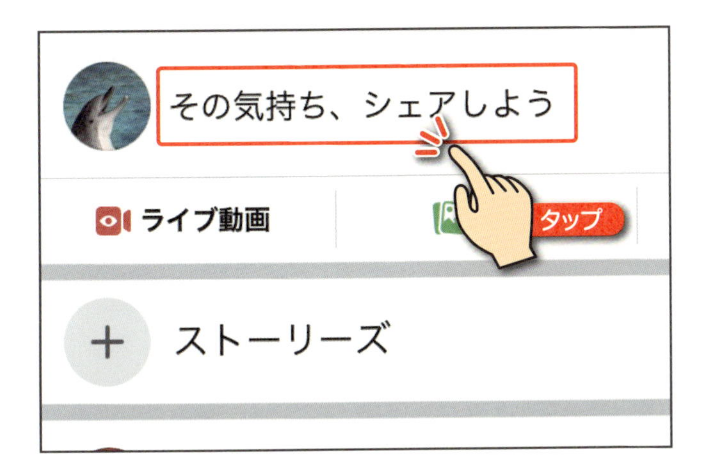

Facebookアプリを起動し、「その気持ち、シェアしよう」と表示された投稿欄を

タップします。

2 文章を入力します

文章を

入力します。

写真を投稿する場合は

を

タップします。

次へ

3 写真へのアクセスを許可します

アクセス許可の画面が表示されたら、アクセスを許可をタップし、OKをタップします。

4 画像をタップして選択します

投稿したい画像をタップして選択し、完了をタップします。複数の画像を選択することも可能です。

第6章 Facebookの困った！解決Q&A

5 投稿します

投稿の準備ができたら、**投稿**（Androidスマートフォンの場合は、投稿）を**タップ**します。

ポイント

編集をタップすると、スタンプや落書きなど、画像にさまざまな編集を行えます。

6 投稿が完了します

投稿が完了し、投稿内容が画面に表示されます。

終わり

Q&A編

Question 05

パスワードを変更したい!

- パスワード
- パスワード変更
- セキュリティとログイン

A パスワードを変更したい場合は、あとから編集を行うことができます。より安全なパスワードにしたいなどの場合は、変更しましょう。

パスワード変更をする

ここでは、パスワードの変更を行います。新しいパスワードを登録する際は、2回パスワードを入力する必要があります。その際、安全度が表示されるので安心です。

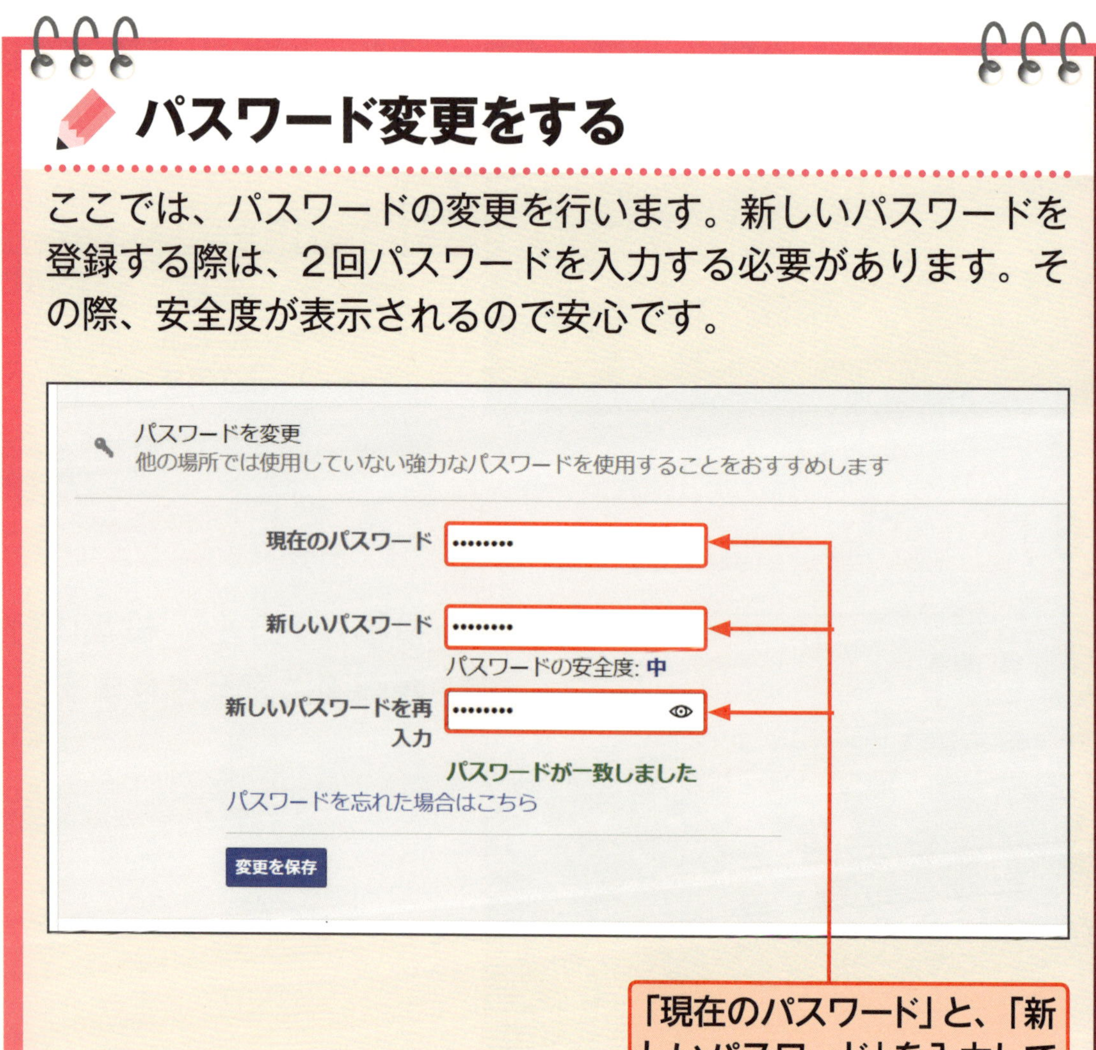

1 パスワードを変更します

133ページの方法で設定とプライバシー画面を表示します。

を**クリック**します。

2 編集を表示します

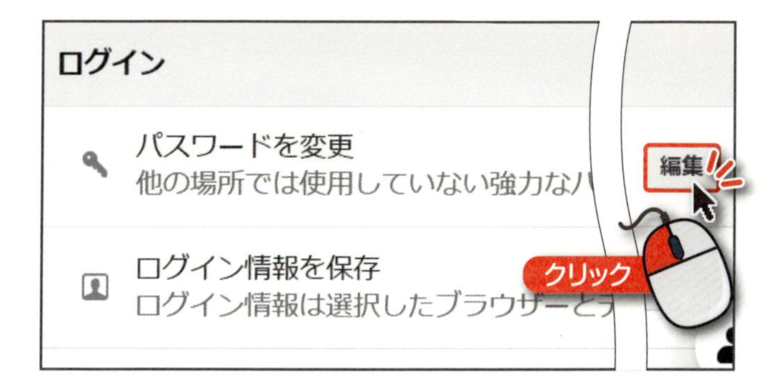

セキュリティとログイン をクリックし、「パスワードを変更」の 編集 を**クリック**します。

3 新しいパスワードを設定します

パスワードをそれぞれ**入力**し、変更を保存 を**クリック**すると変更が完了します。

終わり

Q&A編

Question 06

パスワードを忘れてしまった!

- パスワード
- パスワード再設定
- 新しいパスワード

A パスワードは、Facebookにログインするための重要なものです。パスワードを忘れてしまった場合は、再設定しましょう。

パスワード再設定をする

パスワードの再設定は、ログイン前の画面で行います。

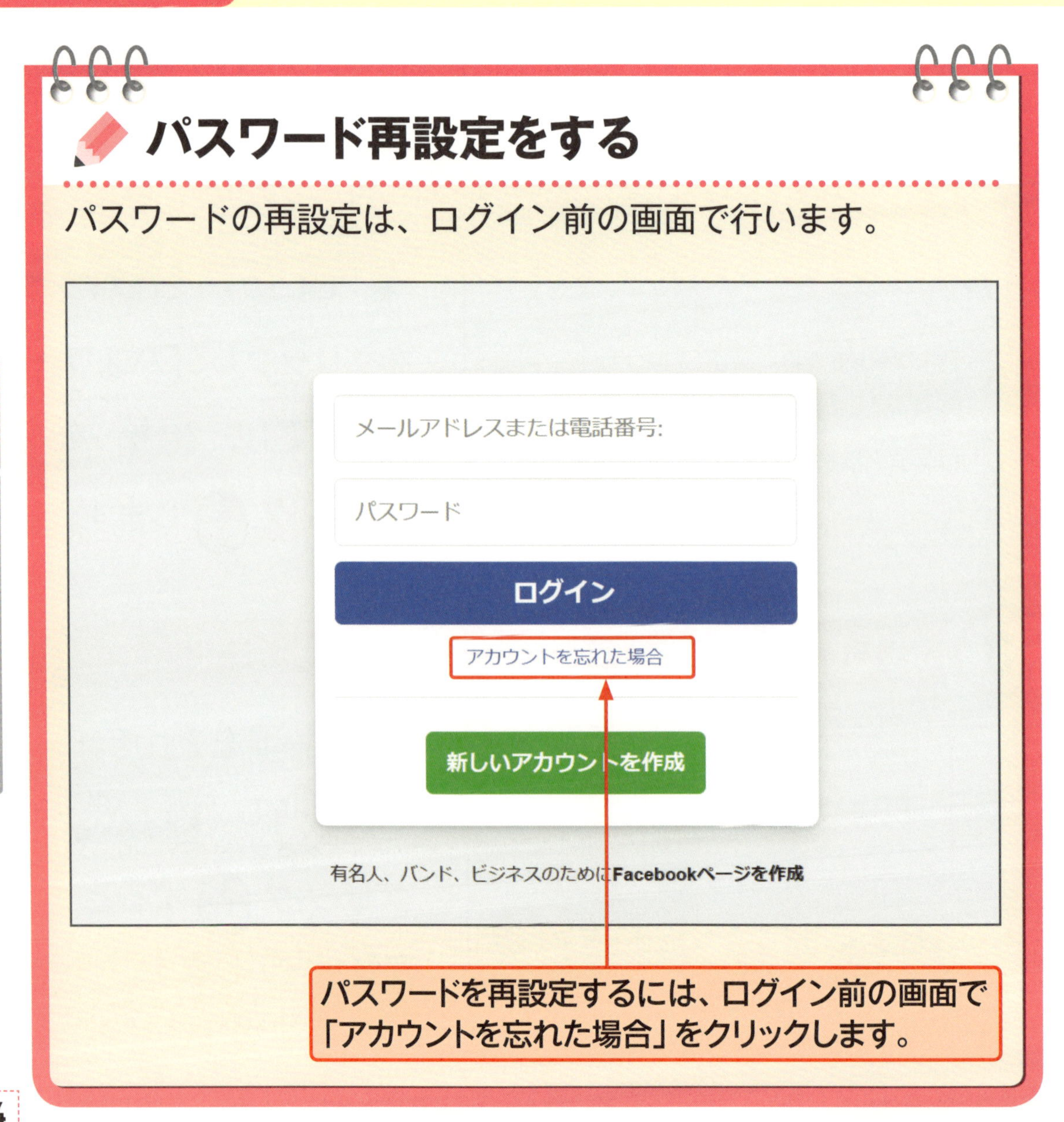

パスワードを再設定するには、ログイン前の画面で「アカウントを忘れた場合」をクリックします。

1 パスワードを再設定します

Facebookにログインする画面で、「アカウントを忘れた場合」を**クリック**します。

2 アカウントを特定します

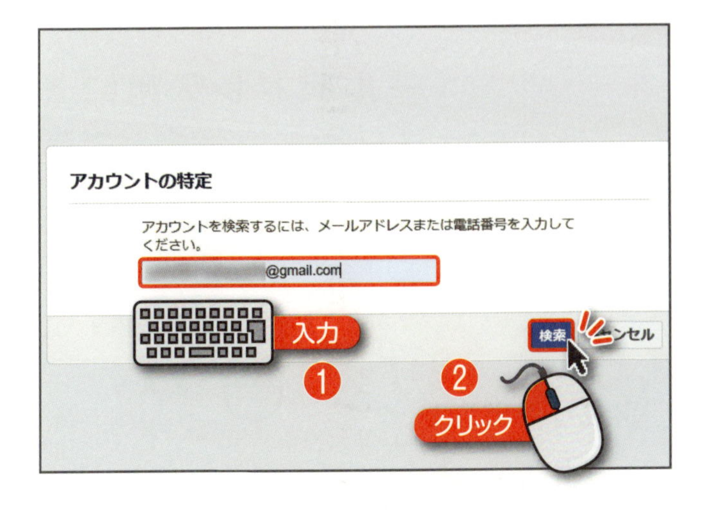

Facebookに登録したメールアドレスか電話番号を**入力**し、検索を**クリック**します。アカウントを特定できたら、

私のアカウントです

をクリックします。

次へ

3 再設定方法を選択します

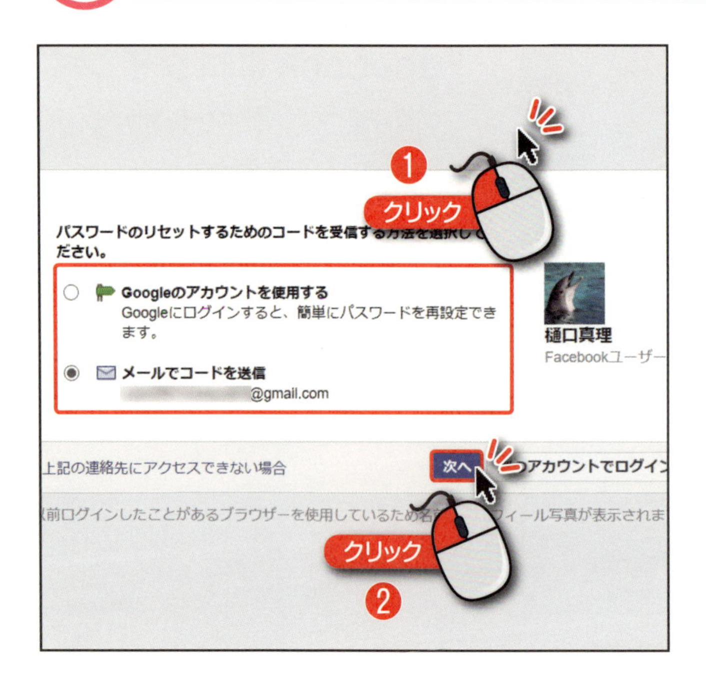

パスワードの再設定方法を**クリック**して選択し、次へを**クリック**します。

4 コードを入力します

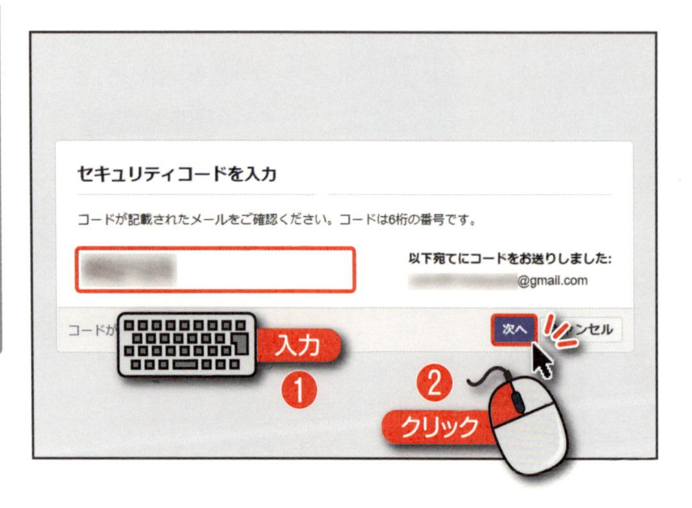

メールアドレス宛にセキュリティコードが送信されるので、コードを**入力**して次へを**クリック**します。

ポイント

パスワードの再設定方法によっては、メールアドレス以外にセキュリティコードが届くこともあります。

5 新しいパスワードを入力します

新しいパスワードを

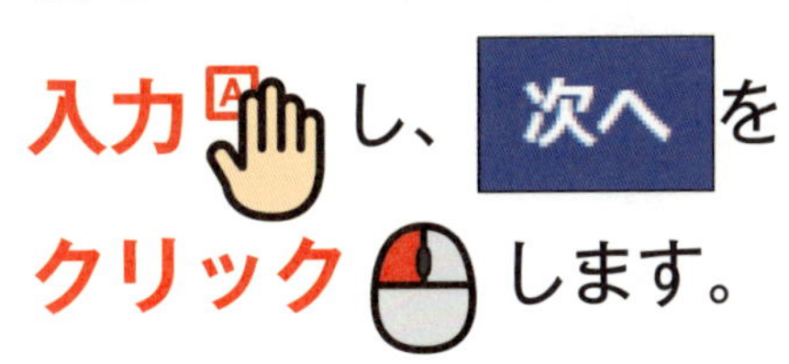

します。

6 パスワードの再設定が完了します

パスワードの再設定が完了し、ホーム画面が表示されます。

終わり

Q&A編

Question 07

セキュリティを高める設定がしたい！

- セキュリティとログイン
- 二段階認証
- セキュリティコード

A アカウントの乗っ取りを防ぐためにも、不正なログインにすぐ反応できるような設定をしておきましょう。

ログインに関する設定をする

メニューバーの をクリックし、「設定とプライバシー」→「設定」→「セキュリティとログイン」の順にクリックします。ここから、「二段階認証を使用」と「認識できないログインに関するアラートを受け取る」を設定しておくことで、自分が使っているパソコン以外からログインをしようとしたとき、通知がされたりセキュリティコードの入力を求めたりできるようになります。

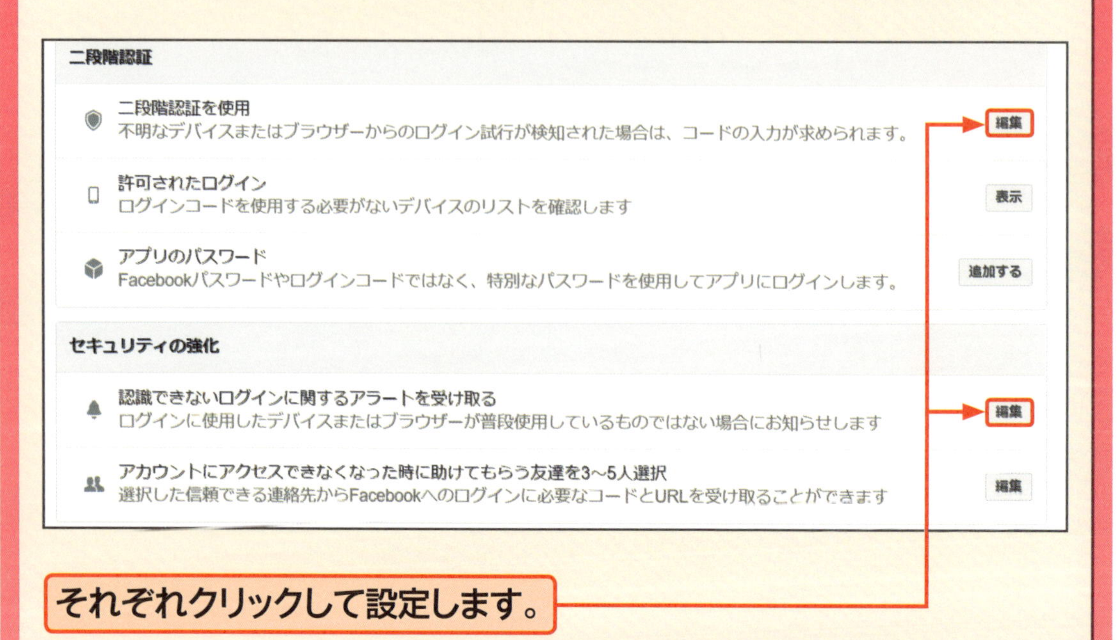

Question

08

知らない人から友達リクエストがきた!

- 友達
- 友達リクエスト
- リクエスト削除

友達申請をしてくる人は友達の友達など、どこかでつながりがある場合がほとんどですが、抵抗がある場合はリクエストを削除しましょう。

友達リクエストについて

Facebookで友達申請をしてくる人は、一見まったく知らない人であっても、友達の友達や同じ学校・職場の人など、どこかでつながりがある場合がほとんどです。ただし、明らかに知り合いでない人や、リクエストを承認したくない場合はリクエストを削除しましょう。リクエストの削除は相手に通知されません。

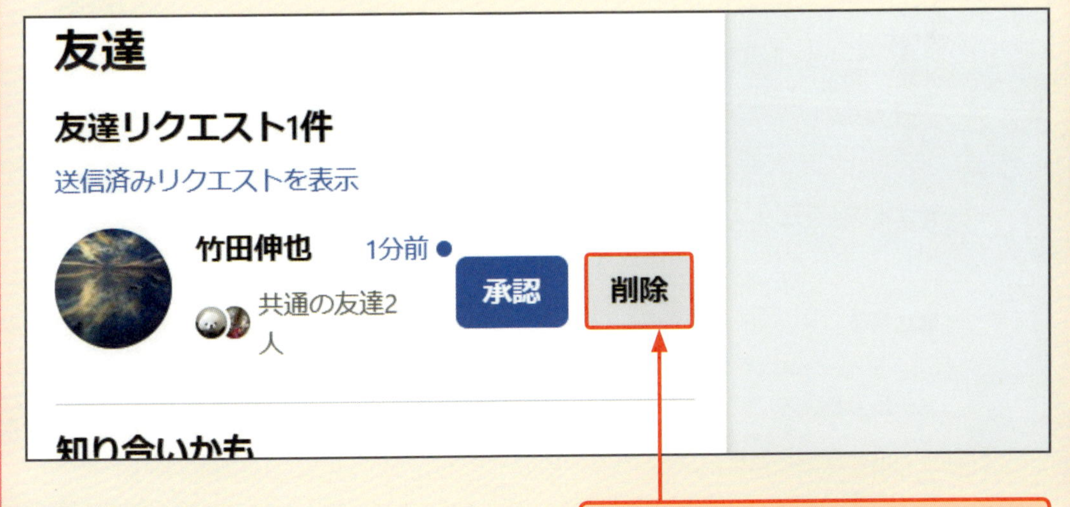

リクエストを削除するには、削除をクリックします。

Q&A編

Question 09

メールアドレスで検索されたくない!

メールアドレス
メールアドレス検索
プライバシー

A 自分のアカウントを検索されたくない場合は、公開範囲を変更することで検索されることを避けることができます。

メールアドレス検索について

Facebookは、相手のメールアドレスさえわかれば誰でも検索できてしまいます。検索されないためには、設定の変更を行います。検索できる範囲は「全員」「友達の友達」「友達」「自分のみ」の中から選択できます。

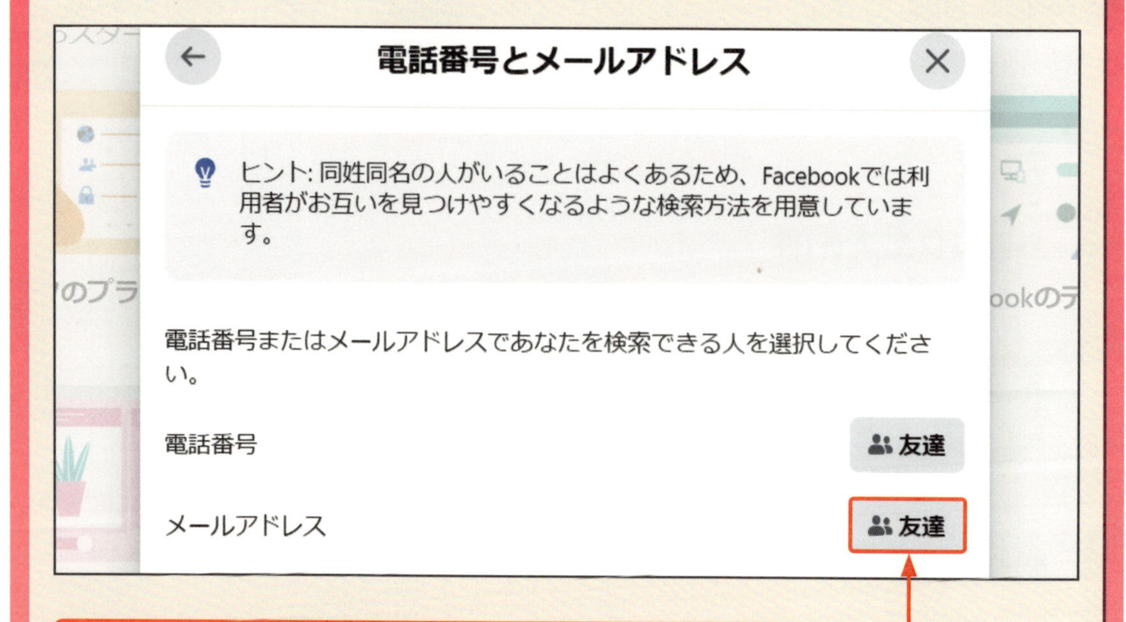

メールアドレスで検索されないようにするには、「全員」以外の項目をクリックします。

1 設定画面へ移動します

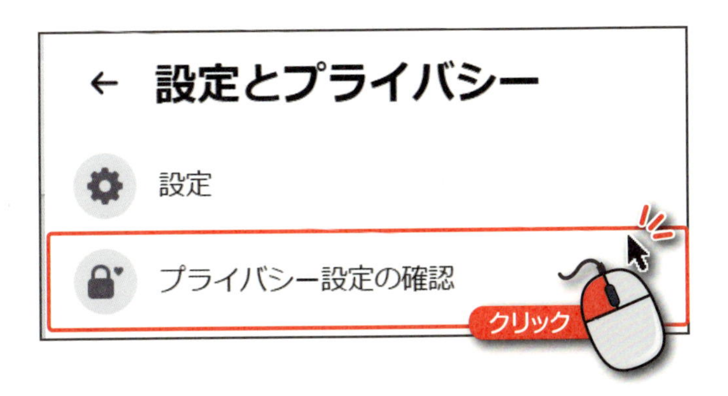

133ページの方法で設定とプライバシー画面を表示します。

をクリックします。

2 「プライバシー設定の確認」の項目を選択します

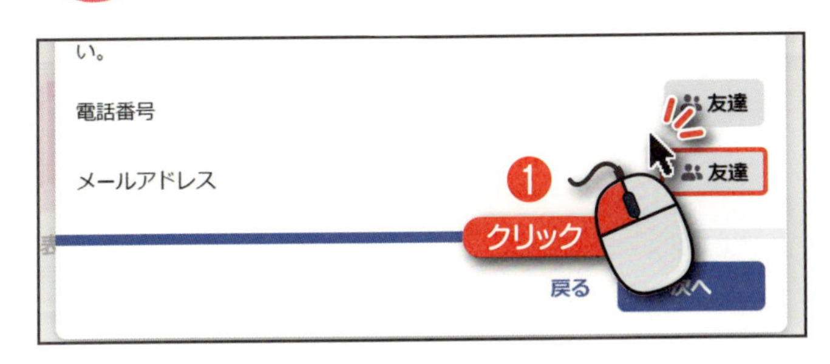

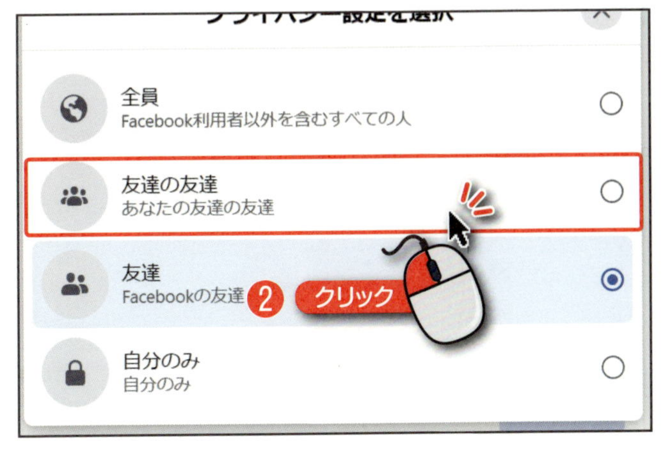

「Facebookでのあなたの検索」をクリックし、次へをクリックして進めます。
「電話番号とメールアドレス」画面が表示されるので、メールアドレスの右側にある友達をクリックし、「全員」以外をクリックして設定します。

終わり

友達をやめたい!

- 友達
- 友達削除
- 友達リスト

A まちがえて知らない相手と友達になってしまったときなど、友達をやめたくなった場合は、友達リストから削除の設定を行うことができます。

友達削除について

友達リストから削除を行います。削除したことは、相手に通知されません。

友達を削除するには、「友達から削除」をクリックします。

第6章 Facebookの困った！解決Q&A

1 「友達」をクリックします

自分のアカウント画面で

友達 2 を

クリック します。

2 友達を削除します

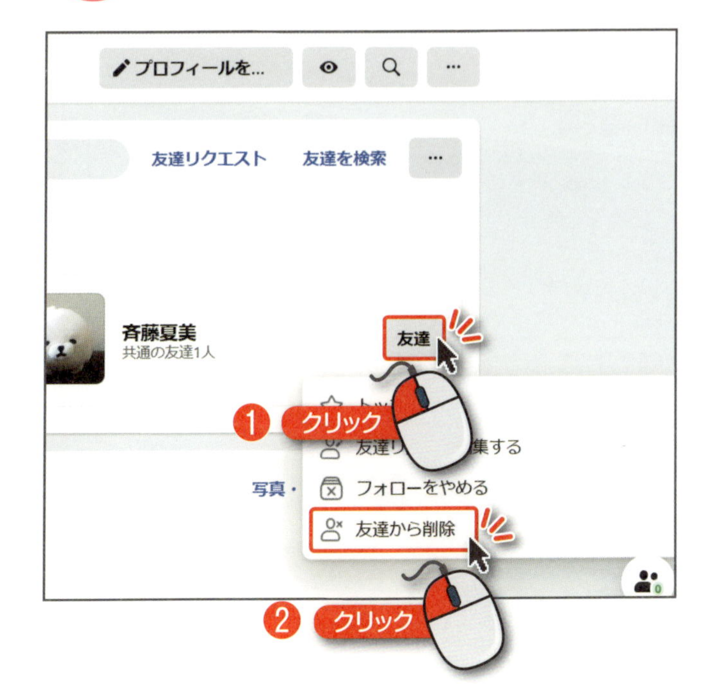

削除する友達の

友達 を

クリック すると

メニューが表示されるので、

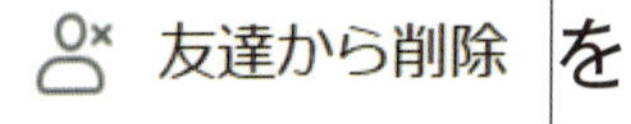
友達から削除 を

クリック すると、

友達の削除が完了します。

終わり

Q&A編

Question 11

Facebookを退会したい!

- Facebook退会
- アカウント削除
- アカウント停止

A 退会するには、アカウントの削除を行います。ただし、現在利用しているアカウント情報がすべて消えてしまうので、注意が必要です。

Facebook退会について

アカウントの削除は、注意文をしっかり確認してから行いましょう。

Facebookアカウントの利用解除または削除

Facebookの利用を一時休止したい場合は、アカウントを利用解除することができます。
Facebookアカウントを完全に削除する場合は、ご連絡ください。

○ **アカウントの利用解除**
Deactivating your account can be temporary.
Your profile will be disabled and your name and photos will be removed from most things you've shared. You'll be able to continue using Messenger.

◉ **アカウントを完全に削除**
Deleting your account is permanent.
Facebookアカウントを削除すると、Facebookでシェアしたコンテンツや情報を取得できなくなります。Messengerおよびすべてのメッセージも削除されます。

キャンセル　アカウントの削除へ移動

アカウントの削除を行う前に、注意文を確認しましょう。

1 「あなたのFacebook情報」を表示します

メニューバーにある

を

クリック  し、

設定とプライバシー を

クリック  します。

2 アカウントの削除を行います

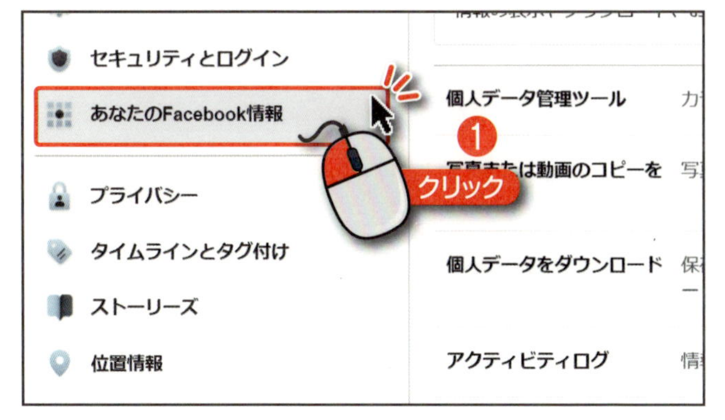

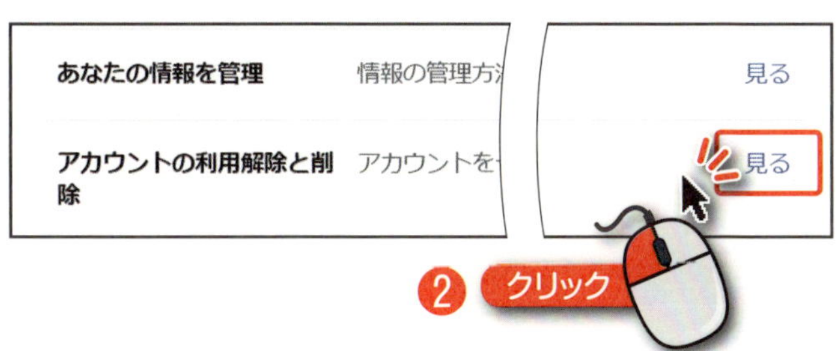

あなたのFacebook情報

を**クリック** 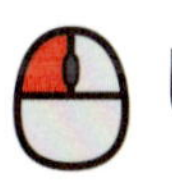 し、「アカウントの利用解除と削除」の右側にある

見る を

クリック  します。

次へ

3 アカウント削除の注意文を確認します

アカウントを完全に削除

をクリックし、アカウント削除に関する注意文を確認します。

アカウントの削除へ移動

をクリックします。

4 アカウントの削除をすすめます

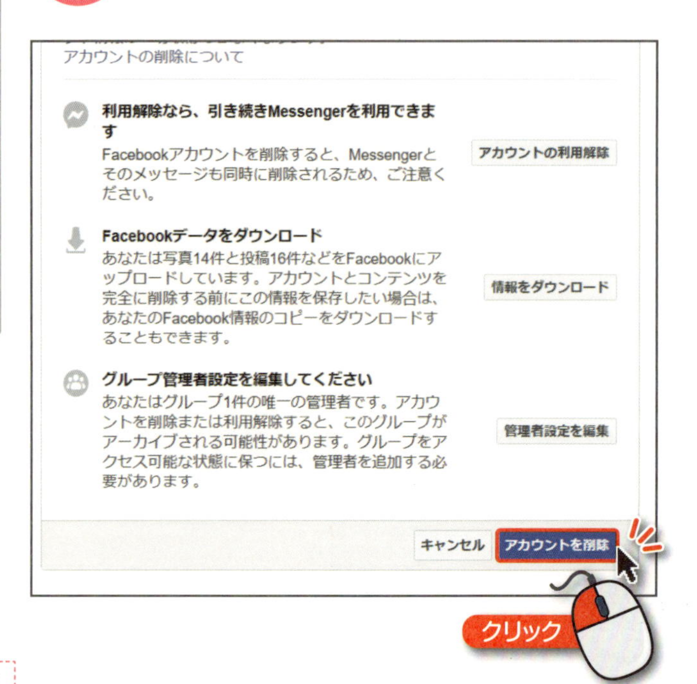

アカウントを削除 を

クリックします。

5 アカウント削除を実行します

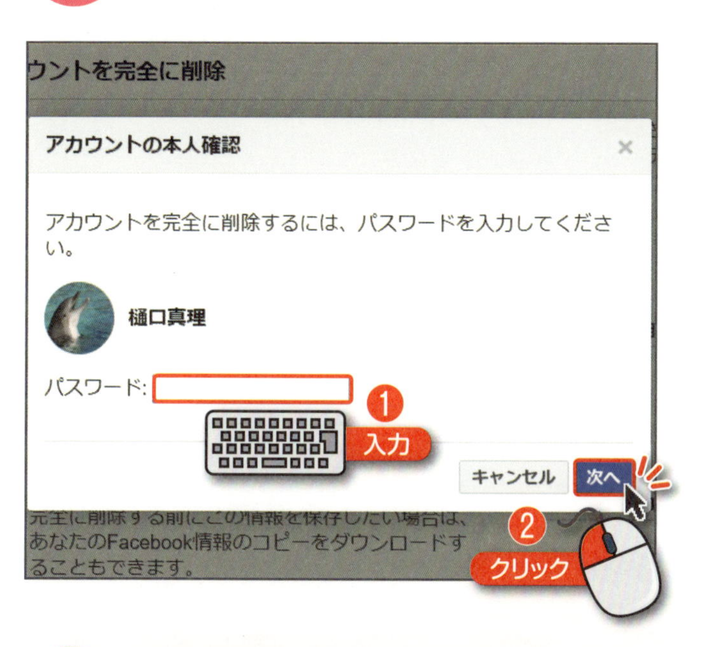

「アカウントの本人確認」画面が表示されるので、「パスワード」を**入力**し、**次へ**を**クリック**します。

6 アカウント削除が完了します

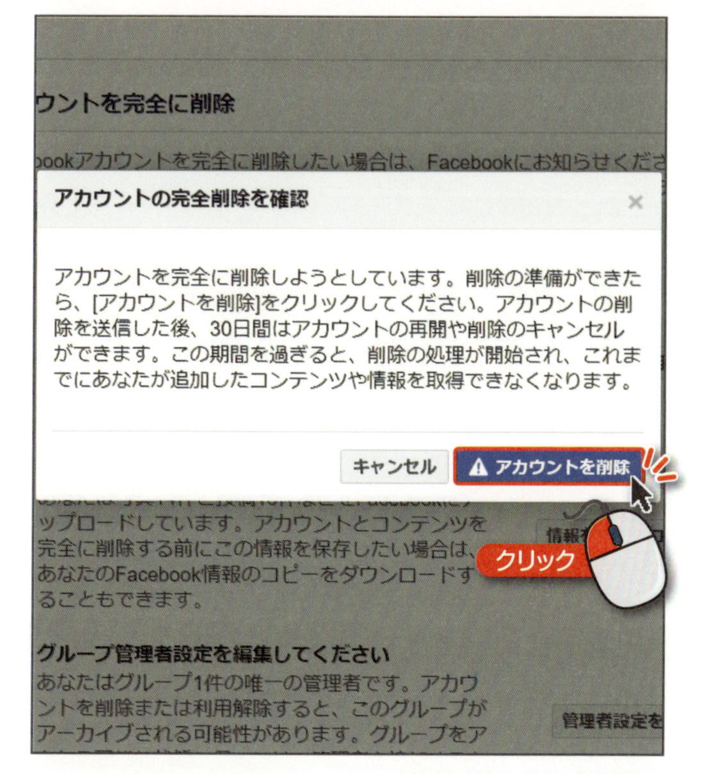

アカウントを削除を**クリック**すると、ログイン前の画面が表示されます。

ポイント

30日以内にログインすれば、アカウントの削除をキャンセルできます。

終わり

Index

な行

は行

ま行

ら行

著者
リンクアップ

本文デザイン・本文イラスト・DTP
リンクアップ

操作イラスト・カバーイラスト
イラスト工房（株式会社アット）

装丁
田邉恵里香

編集
早田治

技術評論社ホームページ
URL　https://book.gihyo.jp/116

今すぐ使えるかんたん　ぜったいデキます!
Facebook 超入門 [改訂2版]

2017年６月６日　初版　第1刷発行
2020年11月10日　第2版　第1刷発行

著　者　リンクアップ
発行者　片岡　巌
発行所　株式会社技術評論社
東京都新宿区市谷左内町21-13
電話　03-3513-6150　販売促進部
03-3513-6160　書籍編集部
印刷／製本　大日本印刷株式会社

定価はカバーに表示してあります。

ISBN978-4-297-11627-9 C3055
Printed in Japan

問い合わせについて

本書に関するご質問については、本書に記載されている内容に関するもののみとさせていただきます。本書の内容と関係のないご質問につきましては、一切お答えできませんので、あらかじめご了承ください。また、電話でのご質問は受け付けておりませんので、必ずFAXか書面にて下記までお送りください。
なお、ご質問の際には、必ず以下の項目を明記していただきますよう、お願いいたします。

1　お名前
2　返信先の住所またはFAX番号
3　書名
4　本書の該当ページ
5　ご使用のOSのバージョン
6　ご質問内容

FAX

1　お名前
技術　太郎
2　返信先の住所またはFAX番号
03-XXXX-XXXX
3　書名
今すぐ使えるかんたん
ぜったいデキます！
Facebook 超入門［改訂２版］
4　本書の該当ページ
146ページ
5　ご使用のOSのバージョン
Windows10
6　ご質問内容
セキュリティコードが
届かない。

問い合わせ先

〒162-0846 新宿区市谷左内町21-13
株式会社技術評論社 書籍編集部

「今すぐ使えるかんたん　ぜったいデキます!
Facebook 超入門 [改訂2版]」質問係
FAX.03-3513-6167

なお、ご質問の際に記載いただいた個人情報は、ご質問の返答以外の目的には使用いたしません。また、ご質問の返答後は速やかに破棄させていただきます。